少年科学探索必备

物理老师带你做生活小实验

曹远强◎编著

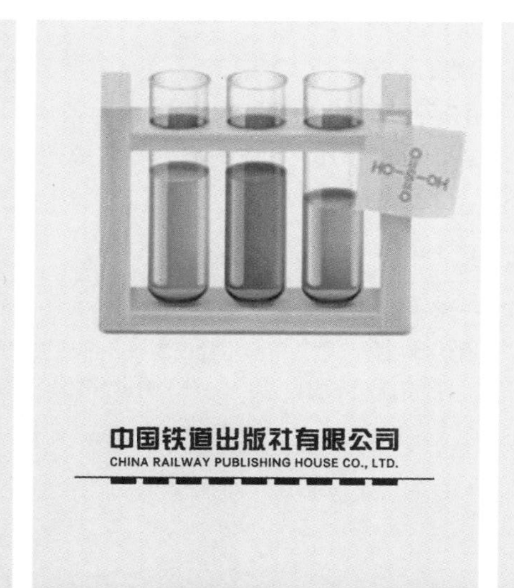

中国铁道出版社有限公司
CHINA RAILWAY PUBLISHING HOUSE CO., LTD.

图书在版编目（CIP）数据

少年科学探索必备：物理老师带你做生活小实验/曹远强编著. —北京：中国铁道出版社，2015.8（2019.9重印）
ISBN 978-7-113-19696-7

Ⅰ.①少… Ⅱ.①曹… Ⅲ.①科学实验—少年读物 Ⅳ.①N33-49

中国版本图书馆CIP数据核字（2014）第293061号

书　　名：少年科学探索必备：物理老师带你做生活小实验
作　　者：曹远强　编著

责任编辑：陈　胚　　　　电话：010-51873459
封面设计：王　岩
责任校对：龚长江
责任印制：赵星辰

出　　版：中国铁道出版社有限公司（100054，北京市西城区右安门西街8号）
网　　址：http://www.tdpress.com
印　　刷：日照教科印刷有限公司
版　　次：2015年8月第1版　2019年9月第3次印刷
开　　本：700 mm × 1 000 mm　1/16　印张：15.25　字数：215千
书　　号：ISBN 978-7-113-19696-7
定　　价：54.00元

目录

Contents

目 录 Contents

第十章 浮力

第十一章 沸腾和蒸发

第十二章 对流与传导

第十三章 热的本质是什么

引子

一则“骗人”的新闻

七月，一辆长途汽车在公路上疾驰。车里开着冷风，乘客们恹恹欲睡。

卷卷老师一家要回山村老家度假。“卷卷”是女儿小璇对她老爸的昵称，因为老爸的头发是自来卷，女儿常常摸着老爸的头发叫“卷卷，卷卷”。女儿是新科中学初二学生，而爸爸是这所学校的教师。

在小璇的记忆里，爸爸的家乡到处溪流淙淙，山花烂漫，凉爽宜人；夜晚，萤火虫提着灯笼在草丛上飞舞。

卷卷正在翻着从车站报刊亭买的一份晚报，而小璇的妈妈已经斜着身子睡着了。

忽然，爸爸猛地一抖报纸，发出一声感叹：“太不像话了，这也能拿来骗人！”

女儿问爸爸：“怎么了？”

爸爸指着一则新闻让她看，原来是一则新闻报道《缝衣针能在水上漂 老太太被骗掏腰包》。小璇拿过报纸读了起来。哎呀，正巧就是自己老家的事：一位老太太遇到一个会“法术”的骗子，发功使钢针漂在水面上，骗取老人的信任，然后以给外地打工的孩子消灾为名，将老人的1 000元积蓄骗走。

“爸爸，缝衣服的钢针真的能漂在水面上吗？”

“能，但这不是什么法术，而是科学，是液体表面张力的原因。”

“表面张力是怎么回事？”

“一时半会儿也给你说不清，等回家我给你做实验。其实那骗子就是做了个科学小实验把老人给蒙了。”

小璇很感兴趣，心想回到家一定让当物理老师的爸爸也来施展一下“法术”。

“没有科学知识真可怕，要是让这骗子遇到我……”

“那他就是关公面前耍大刀，鲁班门前弄大斧。”

“很多魔术都是利用科学道理完成的，如物理的、化学的一些知识。”

“我很快也要学习物理和化学了。”

“是啊，你可要学好。”

“要不，暑假您帮我预习预习吧。”

“很好，我还可以教你变几个魔术。”

“那太好了。”

……

小璇望着窗外，树木一棵棵向后跑去，远处的山不断变换着姿态，路开始盘旋颠簸，车已经在山中行驶了。空气变得凉爽了，司机师傅把空调关了，大家敞开了车窗。

公路在山间峡谷的一侧蜿蜒起伏，山涧里大小石块错落，水面闪着白光，时有飞鸟成群飞过。窗外时而闪过牛羊，时而闪过一片树林，时而闪过几间简陋的小屋。

终于到家了，一家三口回到了久违的院落。山里的天黑得特别快，暮色来临了，简单吃过饭后，一家人早早地睡了。

奇妙的表面张力

卷卷第二天醒来的时候，已经是红霞满天，兴奋的小璇已经到外面欣赏了一圈山村早晨的美景回来了。

吃完早餐，妈妈打扫卫生做家务，小璇要爸爸做“水上漂针”的实验。

老爸慢悠悠地说：“不着急，今天又不上班，有的是时间，待我泡上一杯茶再说。”

他把开水倒进玻璃杯子涮了一下倒掉，捏上一撮绿茶，倒满开水，然后乐悠悠地端着杯子对小璇说：“走，到外面去，我去给你做几个有趣的小实验。”

小院里有一个圆的石桌，石桌周围是五个石凳。爷俩在石凳上坐下后，卷卷吩咐：“向你妈妈要两根缝衣针，用碗舀一碗水。”

小璇立刻去准备东西，又飞快地回到石桌旁。

为了叙述方便，便于读者准备好实验所用的东西，以后将作如下形式叙述。

实验一：水上漂针

实验器材

缝衣针、订书针、小纸片、水、蜡烛、肥皂

实验内容

实验过程1：

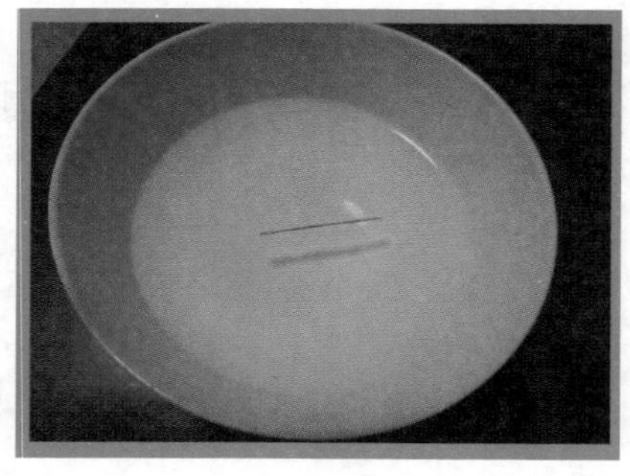

撕一块小纸片，把小纸片平放在水面，把一枚缝衣针轻轻放在纸上。随着时间的推移，纸片会慢慢变湿而沉入水中，但令人惊奇的是，由钢做成的缝衣针却没有沉下去。这是为什么？

真的，小璇见证了奇迹。她问老爸："订书针也可以吗？"小璇又做了一次，她等待着纸片浸透沉下，终于看到订书针也稳稳地漂在水面。可是她觉得这个实验等待的时间太长了，于是老爸把实验进行了改进。

实验过程2：

把干燥的缝衣针在蜡烛上摩擦，使针的表面擦上一层蜡，再小心地把针平放在水面，松手，针即漂浮在水面上。

哇，又成功了！小璇欢呼起来，这次不用等那么长时间了。

爷俩正在做实验，忽然一个声音从大门口传来。"老同学你回

来了！” 浓浓的乡音打破了小实验的氛围。

卷卷一看，原来是自己初中同学公伟带着他的一对龙凤胎来了。两人亲热地握手寒暄。

“小斐说看见她璇璇姐回来了，我们就过来看一看，还真回来了。”老同学满眼喜悦，看了看小璇道：“小璇长这么高了!”

另一个胖胖的小男孩是小斐的哥哥小博，两人今年就要上初中了。两个小朋友最爱和小璇玩，今天看见姐姐回来了非常高兴。

性格文静的小斐眉清目秀，扎着两个小辫子，穿着蓝色连衣裙；憨厚率真的小博则长得虎头虎脑十分可爱。小璇的妈妈出来，热情地把孩子叫过去招待他们。两个大人坐在石凳上聊天。

看到石桌上碗里漂着的钢针，公伟惊奇地问：“我奶奶被骗的事，您这么快就知道了？”

原来那位老太太就是公伟七十多岁的奶奶。宝贝孙子到外地打工，老人整天担心这个从小看大的独苗孙子，结果被骗子给骗了。一提这事公伟非常生气，现在也没有抓住骗子。公伟说过两天自己还要去打工，很希望当老师的老同学能多照看自己的两个孩子，村里没有什么辅导班，刚小学毕业也没有多少作业，担心他俩到处玩出危险，也希望能跟着卷卷多学些知识。

卷卷说：“让他们天天来我家就行，我带他们玩，辅导他们学习，你放心；他们不来玩，小璇还嫌闷得慌呢！”

两人说完，公伟把脸凑到碗上盯着漂在水面上的缝衣针和订书钉，“这到底是怎么回事，你给我们讲讲吧。”三个孩子也都围拢了过来，听老师讲。

原理解析

这是因为水有表面张力。表面张力是液体表面存在的一种使液面张紧的力，它总是使液面保持较小的表面积。草叶上的露珠为球形是它的原因，有一些小昆虫能够很轻松地在水面上落下、起飞、如履平地也是它的帮助。

卷卷接着解释道："针上抹上蜡是为了让水不容易浸润针的表面，这样液体表面在针体的下面靠着表面张力，针就被托住了，如果一旦液面跑到针上面，针就会下沉。"

孩子们仔细观察，针的上面真的并没有水。

调皮的小博禁不住用胖胖的小手指一戳钢针，水漫过针体，针就沉下去了。

卷卷说："还可以在针的附近滴上一点肥皂水，肥皂水表面张力变小，针也会下沉。你们都试一试。"

小博说："这个实验好有趣，让我们都来试一试。"于是接下来的时间，小博、小斐、小璇兴致勃勃地做着实验，公伟也乐呵呵地看着孩子们。

卷卷说："我再做几个小实验给你们看。"

实验二：滚动的水珠

实验器材

纸、蜡烛、水

实验内容

在一张纸上，洒上一些水滴，纸很快湿了，成为一个个斑点；取另外一张纸铺在桌面上，用蜡烛在上面摩擦，使纸的表面形成一个蜡层。这时，同样洒一些水，发现这些水收缩成小球，用嘴吹一下，小球会滚动。

原理解析

水不能浸入蜡纸，是由于表面张力的原因，这使水的表面形成球形。这与露珠的形成是一样的。

卷卷：“有句话叫做‘水满则溢’，水虽然满了，要溢出来也不是很容易，你们看下面这个小实验。”

实验三：小水丘

实验器材

玻璃杯、水、硬币

实验内容

在玻璃杯里加满水，但不要让水溢出来。慢慢向杯中放硬币，一个接一个，你可以看到放了几个硬币，水并没有溢出，仔细观察，发现水面已经凸起，形成了一个“小水丘”。

公伟说：“老同学，对液体的表面张力虽然了解了一些，可作为一种力，还是体现不够明显。”

卷卷：“这是液体表面存在的一种使表面拉紧的力，使表面尽量收缩的力。下面我再做一个可能体现得更为明显的实验。”

实验四：细线被谁拉紧了

实验器材

一根铁丝、细线、肥皂水、针

实验内容

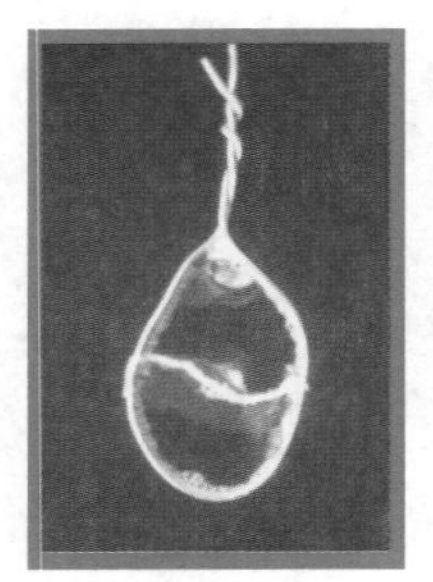

将铁丝弯成一个环，把细线系在环的两端，不要使细线过紧，要使它略微松弛。把环和线浸入肥皂水中，取出时环上就留下了一层肥皂液薄膜，这时薄膜上的线仍是松弛的，用针刺破棉线一侧的薄膜，发现棉线被另一侧的薄膜拉紧了。

原理解析

这是因为当只有一侧有液体时，原来的平衡被打破，液体由于表面张力的作用会收缩，因此把线拉紧了。

“啊，真好玩！”三个孩子开始不断沾肥皂水，用针戳上面的膜，玩得不亦乐乎。

“你做了这么多小实验，关于表面张力的小实验还能做吗？”公伟以兴奋的语调挑战道。

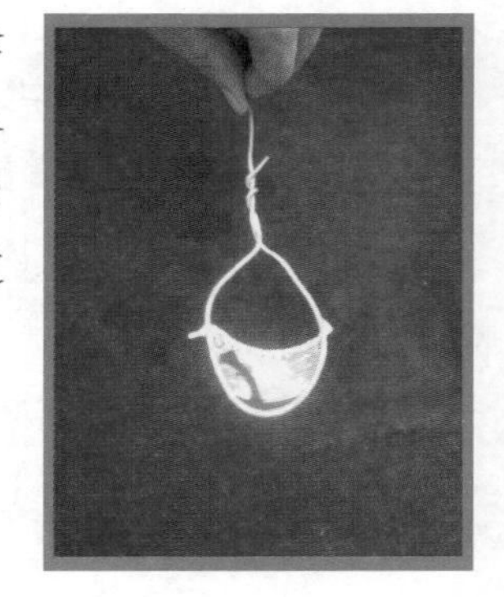

“这很简单，”卷卷把茶杯上的过滤网拿下来给大家展示一下，说：“这是有孔的，水是无孔不入的对不对？”然后把杯子里的水喝了一大半，把网盖紧说：“现在我把水杯倒过来了。”

“别呀，水会洒出来的。”公伟说道。

卷卷很快把杯子倒过来，大家惊呆了：水并没有像想象中那样淌下来。

卷卷说："水面有表面张力，水不容易通过网的表面。我还能给水流打结。"

"什么，给水流打结？水流又不是绳子，怎么打结？真新鲜！"

"看我的。"于是卷卷又给大家做了下面一个小实验。

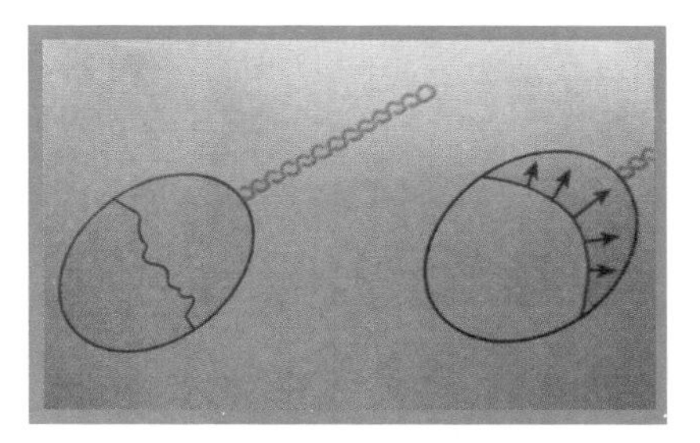
甲 线两侧都有液体　乙 线一侧无液体

实验五：给水流打个结

实验器材

纯净水塑料瓶、水、锥子

实验内容

用锥子在塑料瓶盖并排扎几个直径为2毫米的小孔，小孔相距约5毫米，将瓶子装上水，将瓶子倒置，会有几条水流，用手轻轻从瓶盖孔上滑过，观察水流，发现它们汇合成了一股水流。

原理解析

液体的表面张力有使水面缩小的特性，使水流汇合在一起。注意：做此实验时，不能使水流太急，即水不要装太多，否则不容易成功。

“太棒了！今天我们没有白来。老同学，孩子看来是非来不可了，你随便露几手就是学问啊。你们两个愿意不愿意来跟着老师学习？”

“我们愿意！”小斐、小博齐声说。

小博：“我要来小璇姐家玩。”

公伟：“小博，你可别只知道玩不学习。”

卷卷：“玩的过程也能学不少东西啊，寓教于乐是教育的最高境界。不要一提学习就觉得枯燥，学习也可以充满乐趣。”

公伟：“我没你理论高，但是让孩子跟着你我一百个满意。”说完就要告辞，卷卷和几个孩子把公伟送到了大门外。

场景链接

在2013年6月20日，同学们怀着激动的心情观看“神舟十号”航天员王亚平阿姨做太空实验。实验中，一个神奇的水球越来越大，上面还有王阿姨的倒影。同学们都很惊叹。此时，小博和小斐大声地说：“我知道这是液体表面张力的原因。”同学们看到后面的解释，都非常地佩服他们。课下同学们纷纷向他们请教，他们把暑假卷卷老师教的小实验做给他们看，同学们都羡慕不已。

第二章 重力与重心 失重与超重

卷卷看着孩子们做作业，小璇妈妈端来一盘洗好的苹果说："下课了，休息一下，吃个苹果。"

小斐非常有礼貌地说："谢谢阿姨。"

小博不好意思地一笑。

小璇可不客气，拿过一个苹果就啃了一口。

卷卷也拿了一个苹果说道："同学们，这个苹果和我们人类的文明进步可是息息相关啊。到目前有三个苹果改变了世界，你们谁知道？"

"不知道。"小博说。小斐摇摇头。小璇说："我觉得，砸中牛顿头的那个苹果应该算一个。"

老爸向她伸出大拇指。

"答对了一个。据说大科学家牛顿从'苹果落地'问题引发思考，发现了万有引力并总结出了万有引力定律。牛顿还发现并总结出了力学三大定律。万有引力定律与力学三定律一起，构成了经典物理学的基石。在此基础上，科学家们建立起了经典物理学的大厦，几乎

能解释当时所有的物理现象。谁还知道另外两个重要苹果？”

大家都不吱声了。

卷卷得意地说：“第二个是《圣经》中记载的，人类的祖先亚当和夏娃受了蛇的引诱，吃了‘知善恶树’上的苹果，从此人类有了智慧。第三个苹果就是美国人史蒂夫·乔布斯创立的苹果公司，推动了信息化进程。”

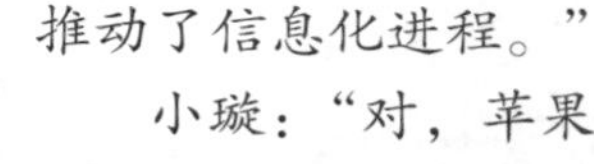

小璇：“对，苹果手机很贵，老爸你也没舍得买一部。”

小斐：“牛顿被苹果砸中的故事我们都知道，老师说是因为重力的原因它才落地，我们人人都离不开重力。”

卷卷：“是啊，重力是地球施加的，它的方向总是竖直向下，因此我们扔出一个物体会落下来，就是重力在起作用。”

小博：“一个东西好重啊，是不是指重力很大？”

“是啊。我忽然想起一个有趣的实验。”卷卷说，“那次我带学生参观科技馆看到的，不过器材是个大圆锥……有了，”他对小璇说，“你到屋里抽屉里拿一个小钢球，再拿两把大螺丝刀。”

卷卷说：“我们都知道水往低处流，物体如果不稳固，就会向低处运动，但今天让你们看一个反常的现象。”

实验六：球为什么会“向上”滚动

实验器材

两把螺丝刀、钢球、两根光滑的木棍（长度大于1.5米）、篮球或排球等

实验内容

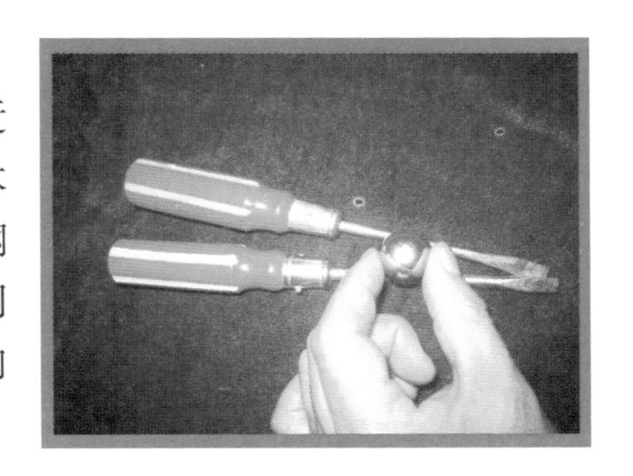

把两把螺丝刀平放在桌面上。很自然地，螺丝刀上的金属棍靠近木柄的一端高，而刀口处低。把木柄处分开一定距离，宽度略小于钢球的直径。将钢球放在金属棍中间略上的位置松手。奇怪的是，球向木柄方向滚动。

三个学生都觉得很奇怪。卷卷提醒他们仔细观察，看谁先发现其中的奥秘。

卷卷反复把球放上去，三个人仔细观察。

小斐说：“我知道了，越往上开口越大，球会陷下去；上面的位置，球可以更低，因此向上滚动。”

小璇和小博经她这么一提醒，也都认可这个结论。

卷卷赞道：“小斐观察仔细，善于动脑筋，很棒！实际上球真的往高处滚动了吗？”

“没有。”三位同学异口同声地说。

原理解析

因为上面的位置球的重心更低。金属杆的位置是高了，但球的位置更低了。实际上，球还是向低处滚动了。

小博：“我们用大篮球来做这个实验能行吗？”

卷卷：“可以尝试。不过，篮球表面粗糙，与木棍间的摩擦阻力大一些，不容易成功。做实验时一定要耐心，仔细调整位置方可成功。”

小博：“我回家去拿篮球，小璇姐你去找两根长木棍好吗？”

三个人开始搬桌子，找东西，卷卷不断给他们提建议。经过多次尝试，调整宽度和高度，实验终于成功了。最后他们玩得非常高兴，因为他们看到大篮球一次次向“高处”慢慢自发滚动，他们不断发出欢呼。

小博问：“老师，什么是物体的重心？”

卷卷挠了几下头发，沉吟着：“重心就是一个点，是物体受重力的作用点。比如人体各个部分都受重力，但我们可以想象它受力的总效果，相当于作用在我们人体的某一个点上，这个点就是人体的重心。”

见他们三人似懂非懂，卷卷说：“比如小博，你站在这儿，你的重心大约在这儿。”说着卷卷戳了他的腹部一下，小博一收腹笑起来。

“你再蹲下。”小博照做。卷卷说：“这样你的重心就降低了。一个物体重心低了，它的稳定性就会更好，比如汽车，底盘做得很重，行驶中就会更稳，不容易翻车。”

小博道：“我也明白了为什么赛车做得那么矮了。”

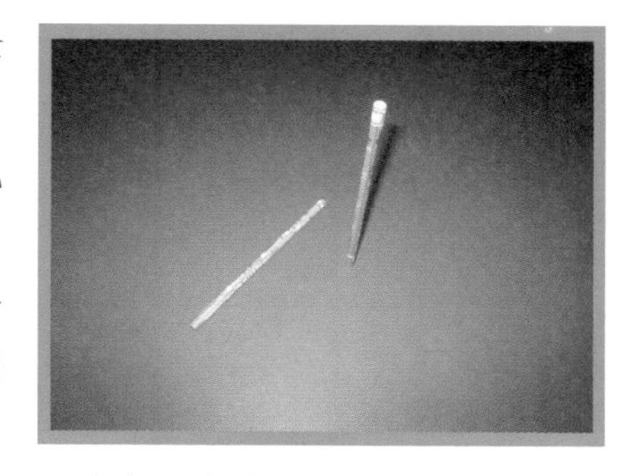

小斐说："我们也能用小实验来说明这个问题吗？"

卷卷想了想说："可以。"他把一支铅笔平放在水平桌面上，另一支竖放。待稳定后，用力拍一下桌面，发现竖放的铅笔很容易倒下，而平放的铅笔没有什么变化。

卷卷："竖放的铅笔重心太高，不稳定，轻微的震动就能使它倒下。"

小璇说："这个实验也太简单了吧。"

卷卷："简单有什么不好？能说明问题就是好实验！我们要支撑住一个物体，如果支撑住了物体的重心，它就很容易稳定。下面来看这样一个有趣的小实验。"

实验七：为什么铅笔能立在手指上

实验器材

一支铅笔、一把小刀（刀片和刀鞘部分之间的摩擦力要大一些的）

实验内容

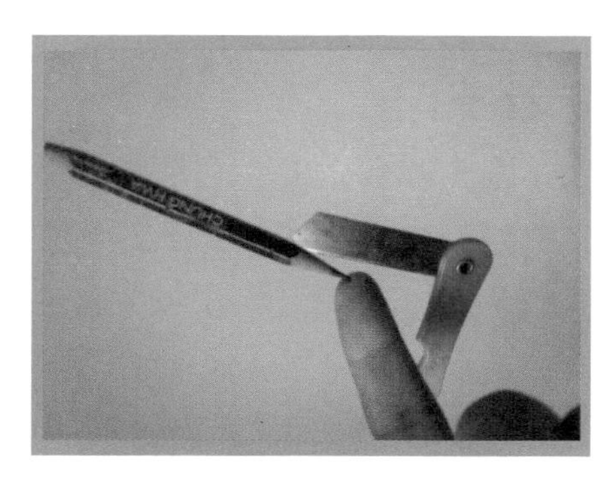

把小刀刀尖竖着插入铅笔，不断调整刀柄与刀的角度，直到笔尖可以稳稳地立在手指上。

原理解析

此时，把铅笔和小刀看作同一个物体，物体的重心恰好在笔尖上。托起了笔尖，整个物体可以悬空并处于稳定状态。

小璇说："这个实验比较有趣，让我们都来试一试。"

卷卷一边看孩子兴致勃勃地做实验，一边给他们讲解："走钢丝的人常常拿一根长杆，就是调整重心使整个重心在钢丝的正上方。走钢丝的人通过训练，对于重心感觉极为灵敏，通过身体和长杆的及时调整，实现精彩表演。"

不知不觉已经晌午了，小博小斐的妈妈来喊他们回家吃饭，可以看得出来，他们真不愿意走呢。卷卷说睡过午觉后再来，他们才无奈地回家了。

下午两点半，小博小斐又来到卷卷老师家。

小璇提出了个问题："怎么知道物体的重心在哪里呢？"

卷卷："对于质地均匀的规则物体，重心在几何中心。"

"什么是几何中心？"

"比如球体，重心就在球心处；长方体，重心在对角线交点处。你们说怎样找到这只铅笔的重心？"说着拿起上午做实验用的铅笔。

看到他们茫然地摇摇头，卷卷说道："如果支持住重心，物体就比较稳定，我们可以这样寻找这只铅笔的重心。"

说着卷卷伸出一个手指，另一手把铅笔横放在指头上，不断调整位置，直到铅笔在指头上稳定，手指与铅笔接触的位置，就是这支铅笔重心的位置。

实验八：失重小实验

实验器材

纯净水塑料瓶、锥子、水

实验内容

在瓶子侧面扎几个小孔，装上水，水会从小孔向外喷射形成水流，但当放开手让瓶子自由下落时，水流就没有了。

小斐："在下落过程中，水流没有了，怎么就是失重呢？"

卷卷："瓶中水因为受重力，会对底和侧壁有压力，水才会从小孔向外冒出。在下落过程中，这个压力突然没有了，就好像水突然失去重力了。"

"可是水失去重力了吗？"小博问。

"当然没有，这种现象叫失重，而实际上重力并没有失去。除了失重，还有超重现象。"

卷卷接着讲："在航天器加速上升离开地球时，航天员的身体会紧紧压在地板上，假如他们身下有体重计的话，示数会变得很大，远远超出自己正常的体重，这种现象叫做超重。与失重一样，超重也是人的一种错觉。"

卷卷："要是有垂直起降的电梯就好了，你们可以直接体验失重和超重现象。"

实验九：超重与失重

实验器材

家用体重计

实验内容

把体重计放在电梯的地板上，蹲在上面（好看清读数），记下自己的体重；把它放在电梯里，同样蹲在上面，观察电梯加速与减速时数值如何变化。

原理解析

人站在电梯里，正常情况下静止或匀速升降时脚对地面是有压力的，压力的大小等于人的重力。但电梯加速上升时，人处于超重状态，对地面的压力大于体重；反之加速下降时，压力会小于体重，相当于“失去了部分重力”。理论上，若电梯自由下落，人的脚对电梯地板的压力为零，即完全失重。

第三章

控制变量法

几天过去了，卷卷一家已经完全适应了农村的生活。他们在院子里种上了黄瓜、西红柿，在墙角点上了丝瓜。现在幼苗正在茁壮成长，墙边的野草野花吸引着蝴蝶和蜜蜂，一株高大梧桐树为小院撑着巨伞。枝丫深处，有小鸟做的巢，枝干上不知伏着多少只蝉，此起彼伏，不紧不慢地吟唱着。

卷卷正在午睡，小璇忽然跑进屋子喊："卷卷爸爸，我们有问题。"

"什么问题？"卷卷睡意未消，转过身看着小璇，小璇拿着两只新铅笔，身上带着屋外的热气。

"你用两支铅笔做的实验，说明重心越低越稳定的实验不对！"

"怎么不对？你说说。"

"我认为得出结论太牵强，您起

来，我们到外面去。”

“能有什么问题？”卷卷咕哝着起身穿拖鞋。屋外暑气弥漫，光线强得使人眩晕，小博和小斐就站在门外等着。

小博：“老师，姐姐说你的实验有错误，我们觉得没有。”

“她现在怀疑老师了啊，有没有充分证据？”他们来到了石桌旁坐下。

“有，你看，”小璇把一支铅笔平放，一支立起，“确实竖放的这支不稳，而平放的这支稳，可一定是重心高低不同的原因吗？平放的接触面积大，而竖放接触面积小，我认为主要是支持面积的大小不同引起效果不同。”

当小璇说到“接触面积”时，大家谁都没有注意，卷卷的面容却严肃起来。小璇还在继续摆论据：“我觉得一个物体，支持面积越大越稳定。”说完后，等着卷卷的回答。

“这个，”卷卷清了清嗓子，问小博和小斐，“你俩认为我错了吗？”

小博：“没有错，老师怎么会出错？”

小斐：“好像姐姐说得也有道理，但您的结论没有错。”

“各位同学，我不得不承认，我所设计的实验是有重大缺陷的，因此得出的结论也是不科学的。小璇说得对，得出结论有些牵强，不能使人信服，经不住别人的反驳，我错了。”

小璇露出胜利的神情，小博和小斐感到很吃惊。

卷卷：“老师也会出错，因此不要迷信权威，要自己认真动脑，要有质疑的精神，要有质疑的能力。”

“我给你们讲一个故事吧。俄国有位著名的科学家叫罗蒙诺索夫，他青年时代留学德国，师从于物理和化学方面都享有盛誉的沃尔夫教授。沃尔夫对这个学生太好了，生活和学习上百般照顾，但罗蒙诺索夫在学术报刊上撰文，驳斥沃尔夫教授的某个观点。人们觉得罗蒙诺索夫太忘恩负义了，怎么能批驳自己的恩师呢？后来，沃尔夫教授向大家证实，那篇论文正是在他的帮助和支持下发表的。亚里士多德说过一句名言，我爱我师，我更爱真理。希望你们也记住这句话。真正的好老师，只会为学生超过自己而骄傲，而不会觉得面子上不好看。”

卷卷继续道：“只有这样的老师，才能培养出有卓越成就的学生。沃尔夫教授经常告诫他的学生：‘不可以生活在别人的智慧里，即使对著名的学者，也不应盲目信任。’”

“这个沃尔夫教授真了不起，胸怀太宽广了。”孩子们感叹。

“老师，您的实验被否定了，那怎样才能用实验来验证您要得到的结论呢？”小博问。

卷卷：“我们要找到问题的症结才好设计和改进实验。结论是什么，还记得吗？”

小博：“一个物体的重心越低越稳定。”

卷卷：“大家认为除了重心以外还有哪些因素影响着物体的稳定性？”

“支持面的大小。”小璇回答。

卷卷：“那么，怎样才能把支持面大小这个因素的影响消除掉？”

小斐：“应该使支持面的大小都一样。”

“好！”卷卷高兴地大声说，“现在我就告诉你们在科学研究上的一个重要研究方法，在以后的学习中你们会不断熟悉这个方法。这个方法叫做——”

卷卷停了停，一字一顿地说：“控–制–变–量–法。”

“控制变量法，什么意思？”

卷卷：“比如，有三个变量(因素)A、B、C都会影响结果或者可能影响结果。为了研究A因素是如何影响结果的，就要做对照试验，只改变A，必须要让B和C保持不变，这样得到的结论才更科学，这种方法叫做控制变量法。”

小博：“我明白了，比如这个试验中有支持面积和重心两个因素，要研究重心对物体稳定性的影响，就应该控制支持面面积一样大，对不对？”

卷卷：“OK！小博说得太棒了，把我要讲的全说出来了。”

小斐：“那怎么改进实验才能运用控制变量法呢？”

卷卷：“这样吧，你们比一比，看谁能设计出好的实验，要求是同一物体，支持面面积要相同，只是重心不同，你们找这样的物体吧。我去烧点水，沏杯茶。我今天很高兴，你们给我指出了错误，提醒我以后再设计实验时，思考要更严密一些，你们今天使我对一句教育名言有了更深刻的认识”。

小璇：“哪一句？”

“教学相长。在教学中，老师的水平和学生的水平都提高，相互促进。”

“老师，我们也对一句话有了深刻认识。”

“哪一句？”

“我爱我师，我更爱真理。”

“太好了！你们动手动脑，来完成自己所提出的课题吧。”说着，卷卷起身离开。

小璇给爸爸找出了错误，变得十分兴奋，思维特别活跃。她带着两个助手一起思考讨论，很快有了思路，于是三人找材料，动手制作，做了如下的小实验。

实验十：改进重心实验

实验器材

底面直径1 cm，长约10 cm的圆柱形塑料管、小刀或锯条、纸、沙子、透明胶布、一段硬铁丝

实验内容

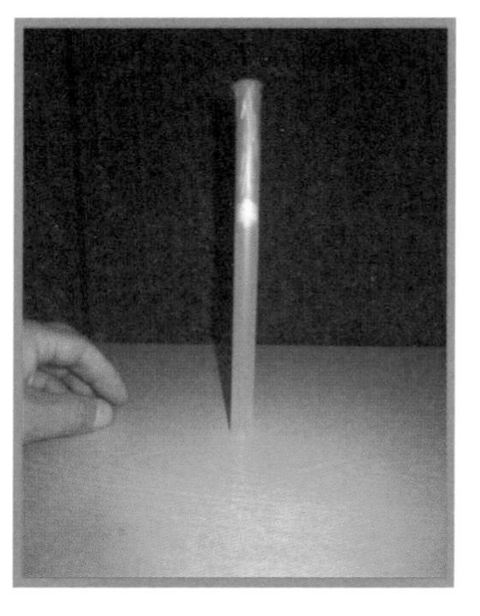

用小刀或锯条把塑料管的两端切平整，使之能立在桌面上。团起一个小纸团，用硬铁丝把纸团捅入塑料管至大约一半处，从一端装入沙子，用透明胶布封住口，另一端也用透明胶布封好。将管子两端分别立在水平桌面上，体会哪一端在下物体更稳定。

“哎呀，这空的一端在下，立都不好立，太容易倒了。”

“装了沙子的一端在下，比较稳。”

卷卷很高兴："你们设计的实验很有说服力——同一物体，支持面大小相同，只是改变重心，充分体现了控制变量的思想，现在你们觉得重心越低越稳定这个结论可信吗？"

"可信，这根管子的重心大约在哪里呢？我用以前教的方法试一试。"说着，小博把塑料管横放在手指上。

不觉夕阳在山，凉风习习，天地暗了下来，愉快的一天快要结束了。

第四章

认识老朋友——力

“下课喽，休息了！”三个孩子在院子里舒展筋骨。

“我们来推手游戏吧。”小博建议。

小璇：“我来做裁判。”

小博和小斐面对面在一步距离处站好，各伸出双掌相撞，规则是双脚的位置不能动，谁动了就算输。

小斐做了用力的表情，向前推出双掌，小博猛地双掌推去。没想到小斐只是做了个假动作，双手灵巧地躲开哥哥的双手，小博推空了收不住脚，向前倒去。

小璇：“小博输了”。

“再来一次。”小博不服气，自己力气大，怎能输给妹妹呢。这一次他格外小心，再也不轻易发力，发力也控制在自身稳定的范围，看准机会扳回两局。只要两人四只手掌碰在一起，小斐重量轻，总是小斐先被推倒。

“哈哈哈……”胜利者发出得意的笑。

这时，卷卷老师从屋里走出来，手里托着一块木板，木板上放了个圆形玻璃鱼缸，招呼他们：“同学们，快来看有趣的小实验。”

牛顿

大家围拢上来，往鱼缸里一瞧，真的有水有“鱼”，不过水很浅，鱼是粉红色的，是一个气球扎成的小鱼的样子。

卷卷：“我让鱼向东游。”“小鱼”就向东游去。

“摆头——转弯——向回游。”随着卷卷的口令，“小鱼”真的听指挥。

“这是怎么回事？”小璇低下头向鱼缸下面看去。

“我知道了，你的手里拿着磁铁！”

“对了。”卷卷把木板下的强力磁铁拿出来，“小鱼肚子里面插了两只铁钉。”

“怪不得您不把鱼缸放在桌子上呢！”

实验十一：小鱼听指挥

实验器材

玻璃鱼缸、水、小铁钉、薄木板、泡沫、气球、强力磁铁

实验内容

把泡沫剪成鱼形，把铁钉扎进去，外面套上气球，尾部扎起来，做成小鱼的样子，放到装有浅水的鱼缸里。在鱼缸下垫一块薄木板。拿出强力磁铁，在鱼缸周围或者木板底下活动，就会发现“小鱼”受你指挥游来游去。

原理解析

这是因为铁钉受到磁铁吸引力作用，力可以改变物体的运动状态，带动“小鱼”运动。

卷卷：“你们知道什么是力吗？”

小博：“老师，力就是力气，劲儿。”

卷卷：“对啊，可力又不单是力气这么简单。力其实很抽象，你说力长什么样？什么颜色？给我看一看。”

大家摇摇头。

卷卷：“力是物体对物体的作用，它看不见，摸不着。我们主要通过它的表现，也就是力发生作用的效果来感知它。”

小璇：“我们不懂您的意思。”

卷卷：“比如，小博能提动一桶水，小斐提不动，我们就说小博用的力比小斐用的力大。”

卷卷：“力有哪些作用效果？谁知道？”

小斐：“力能把铁丝掰弯。”

小博：“力能让物体动起来。”

卷卷：“对，力能使物体的运动状态改变，力还能改变物体的形状。运动状态改变包括物体由静止变成运动、由运动变成静止、速度大小改变、运动方向改变等几种情况。”

“老师您讲的太多了，我们不太懂，您还是做实验吧。”

“好，我再做一个。之后你们回答小球为什么会改变滚动方向。”

实验十二：小钢球为什么会改变路径

实验器材

强力磁铁、小钢球、木板、胶布、记号笔

实验内容

把木板支成合适的斜面，用记号笔画一固定位置，将小钢球放在该位置自然释放，小钢球会沿一条直线滚落下来，在它通过的路径上画一条直线。将强力磁铁用胶布固定在路径的旁边，再次释放小球，发现小钢球偏离了原来的直线轨迹。

原理解析

小钢球由静止变为运动是因为受到了重力作用；小钢球偏离了原来路径是因为受到了磁铁的吸引力。

卷卷："思考一下，为什么小球会从静止向下滚动？为什么小球第二次滚下时路径发生了改变？"

小璇："因为受到力的作用，力能改变物体的运动状态。"

卷卷："孺子可教也，悟性不低。小斐，你和哥哥做推手游戏时，为什么向后倒了？"

小斐："因为哥哥给了我一个推力。"

卷卷："你受到推力，怎么就向后倒？"

小斐："力能改变我的运动状态。"

小博："是改变形状吧，把你给推歪了，哈哈。"

卷卷："两种说法都有道理。力还有一个特点，那就是相互作用，甲物体给乙物体施加力时，一定同时受到乙给甲的反作用力，不可能是单方面的，你们在做游戏时有体会吗？"

小斐："有，我用力推小博，也感到小博的手在推我。"

卷卷："很好，这两个力称为作用力与反作用力，总是同时产生，同时消失，大小相等，方向相反。"

小博："我还不明白。"

"小博你刚才是不是用力拍手拍到桌子上了？"

"是啊。"

"那你给桌子力，为什么手会感觉疼？是不是受到了桌子给你手的一个力？你越用力拍桌子，桌子给你的反作用力就越大，你的手就会越疼，是不是？感受一下，来用力拍桌子！"

"啪"，小博使劲给了桌面一巴掌，"哎呀，好疼啊，老师我明白了。"大家看着他把手都拍红了，都笑起来。

"同学们，火箭升空你们都见过吗？谁能描述一下？"

小璇："点火，尾部喷出火焰，腾起烟雾，火箭开始上升。"

卷卷："火箭点火后，向下喷出高温高压气体，给气体一个很大的推力。根据力的作用总是相互的，这些高温高压气体就会对火箭产生巨大的反推力，这个反推力使火箭加速上升。"

卷卷想了想，"要不我们也来利用反作用力来做小船？"

"太好了！"三人一致赞成。

"那你们都分头去找所用的东西。"

接下来，卷卷和同学们做了以下两个实验。

实验十三：蛋壳喷气船

实验器材

鸡蛋、小金属盒、一小截蜡烛、水、固体泡沫、细铁丝

实验过程

在鸡蛋的两端各开一个小口，对着一个口吹气，把里面的蛋清与蛋黄吹出来，然后用透明胶把一个口封死。用细铁丝做一个支架，下面留下三条或者四条腿，把蛋壳放上去。

把蜡烛放到金属盒上。将泡沫割成船形，把支架在上面固定，支架下放上金属盒和蜡烛。在蛋壳里装上一半水，平放在支架上，使未封闭的小口向后。把整个装置放入水面，点燃蜡烛，直到水烧开从蛋壳向外喷出水蒸气，船就会向前运动。

实验十四：气球喷气船

实验器材

固体泡沫、气球、线、圆珠笔壳、透明胶带

实验内容

把固体泡沫做成船的形状，把气球的口部用线捆在笔壳大口端，把笔壳细口端穿过泡沫。口含细口端把气球吹起来，用手将气球嘴部捏住，使气不外泄。将装置放到水面上。松开手，于是气体从笔壳细口向外喷出，船向前行驶了。

原理解析

因为力的作用是相互的，当气体向后冲出的同时，会给蛋壳一个反向推力，使小船获得前进的动力，类似于火箭升空原理。

卷卷看着他们三人玩得兴致勃勃，心里也很高兴，又给他们讲了牛顿第三定律的内容，还讲了力的单位：牛顿。孩子们对力有了更深刻的认识。

卷卷："两个物体发生力的作用一定要相互接触吗？"

"当然要接触了，不接触怎么用力？"小斐回答。

"不一定，磁铁吸引小铁钉，就没有接触。"小博不同意妹妹的观点。

卷卷："有很多力的产生是需要接触的，比如拉力、支持力、摩擦力等。但不直接接触也能产生力的作用，除了磁铁吸引铁钉可以证明外，月亮绕着地球转，地球绕着太阳转，也是因为它们之间有引力的作用。想一想它们接触了吗？”

小斐：“没有，如果地球与月亮接触了，我们人类登上月球就不那么难了。”

小璇：“如果地球与太阳接触，我们人类早就被太阳烧成灰了！”

“哈哈哈！”小博发出开心的笑声。

卷卷：“科学家针对这些不通过接触就能产生力的情况，引入了‘场’的概念。重力有重力场，磁力有磁场，你们以后会学习到的。”

第五章

驴友遇险

鸡鸣声“叫醒了”又一个清晨，炊烟缭绕着静谧的山村，东方的霞光透过云的罅隙直插苍穹。

忽然重重的敲门声打破了清晨的宁静。

门外传来小博和小斐急促地喊叫声“老师，老师，璇璇姐，快开门。”

卷卷心里一阵紧张，打开门问：“怎么了?出什么事了？”

“我爷爷请你赶快去救人。”

“救什么人？在哪里？”

“不知是什么人，在鸭嘴山那边。”

“是什么情况？”卷卷边问边换运动鞋。这时孩子的爷爷六十多岁的王大爷来了。他跟卷卷讲述了事情的经过：早上，他到鸭嘴山去照看自己种的花椒树，老远就发现有光向这边闪动，他赶过去一看，吓了一大跳。那边的山体发生了坍塌，在山顶困住了两个人，其中一个人已经摔伤了需要尽快送医院，他们困在山上一天一夜了。

“我们怎么营救呢，能爬上去吗？”卷卷问。

“要想爬上山，须绕很远的路，刚刚下了大雨，也不知情况怎样。”

“这边离路近，我们可以从小路到现场，但离他们几十米高，非常陡峭，必须使用绳索。”

“最好是他们能顺着绳子下来，我们多准备一些绳子，带上铁锹、水、吃的、止疼药。”

“要不再喊几个人去。”

“村里青壮年没有几个，都打工去了，时间也耽搁不起。我们找好东西，骑自行车去，小博和小斐骑一辆车一起去。”空气顿时紧张起来，小璇和妈妈也参与进来，三个孩子既紧张又兴奋。

一行人急急忙忙向出事地点奔去。远远地，他们惊叹起来，本来就有点陡峭的山体，坍塌了一片下来，形成了几十米的落差，新鲜的泥土、碎石与绿色的环境形成了惊心动魄的反差。在山头上是两个疲惫不堪、翘首遥望的小伙子。见有人来了，两个人非常激动。

“你们好，我们在这儿，快救救我们吧！”声音沙哑而且发抖，“唉，手机没电了，我们没能赶在大雨之前下山，真要命啊。”带帽子的小魏一边自责一边介绍情况，“这是我的同伴，昨天刮大风，为了下去捡矿泉水瓶，把胳膊摔伤了，现在还发着烧。”

“稳住，你们不要乱动。”王大爷向他们喊道，“我们想法把绳子扔上去，你们顺着绳子滑下来。”

老人在绳子的一端牢牢拴一块石头，把绳子盘着顺好，把石头交给卷卷，“用力，看能不能扔上去。”

卷卷看了看手中的石头，这扔石头可不是他的强项，但没办法，这些人看来只有他力气最大。他奋力向上扔去，绳子在石头带动下，展开一条弧线。

“嗐，这才到哪儿，你多用力。”小璇妈妈说。

第二次努力，石头才到达山体的一半多一些。

小璇："我来试一次。"

结果还没她爸爸扔得远。

小博："我来一次。"结果被他爷爷制止："算了吧，这不是玩，别浪费时间了。"

小斐："甩一甩，看能不能远些。"

卷卷："好主意！"他把拴石头的绳子又紧了紧，确认结实后，让别人躲到远处，攥住绳子，抡起石头转起了圈。

绳子越抡越快，看准绳子旋转的角度，猛地一松手，绳子在石头的带动下飞出，石头落在离目标两三米的地方落下来。

"太好了。"小魏高兴地捡起绳子。"这儿正好有一棵大树。"他兴奋地把绳子绑住树干。

山下大家放了心。卷卷摇动着脖子，因为长时间仰着头，脖子有些酸疼，别人也都笑着活动脖子，大家脸上洋溢着兴奋的光彩。

"喂——，还是不行啊——"是山上的小魏在喊，大家又把头仰起。

"大哥，我好办，能下来，可我的同学小唐一只胳膊受了伤使不上劲，绳子太滑，他攥不住，下不来。"

"怎么办？"卷卷搓着手焦急地想。一时放松的喧哗声戛然而止，只有"思考的声音"。

"只救下一个人显然是不行的，一个背一个，安全是不能保证的。"天虽然很晴朗，可大家的心又被阴云笼罩。

卷卷看着脚边的绳子，心里忽然亮堂起来。

"有办法了！"他喊道。所有的目光都向他聚焦过来。他眼里闪着兴奋地光彩，像一个将军在发布命令。

“小魏啊，你先别忙着固定绳子，你把绳子每隔半米系一个扣，这样绾上很多绳疙瘩，下的时候就不滑了，手和脚都能用上力。受伤的小唐一只手差不多也能滑下来。”

“太好了！您真有办法！”小魏赞叹道。他把已经拴好的绳子解下来，坐在地上开始给绳子绾扣打结，一个接一个，最后他固定好一端，把另一端扔了下来。他让受伤的小唐先下来，左手戴上手套把绳子攥紧，手脚并用，攀着一条飘荡的绳子慢慢向下滑落。

大家都在给他鼓励，为他叫好，他抖擞精神，一段段下滑。小斐不禁赞叹：“这真是一条绳子造的天梯啊。”小唐终于安全降落下来，大家围上去扶住他。上边的小魏见同伴安全到达地面，再没有什么顾虑，他先是把两个背包扔了下来，也不管里面的东西是否会摔坏。然后轻快地攀上绳子，手脚并用，迅速回到地面上。

“谢谢，谢谢！”小魏绝处逢生，与卷卷拥抱，向所有的人道谢，疲惫的脸上挂着激动的泪水。

一行人准备返回。

一路上，交谈中大家了解到，他们是大学三年级学生，专业是生物工程，这次两人骑自行车出来旅游，同时做一些考察工作，调查这一带山区的植被情况和水质情况。山里手机信号不好，天气预报没有看好，因此遭遇暴雨。

问起小唐是怎么摔伤的，他回答：“那天瓶子里的水喝了一半，放下时不小心滚下山坡，我下山取瓶子摔下去了。”

“您为了半瓶水，摔成这样值得吗？”小博道。

“我看到瓶子里有一些衰草，怕引起山火，我只好冒险下去，没想到脚下一滑，摔下去了。”

小博：“一个水瓶能引起火灾吗？是不是有点小题大做了！”

卷卷：“小博你不懂，等以后我给你讲，你唐叔叔做得对，我们大家都应该向他学习。”

小魏：“本来我们能早下山，小唐受了伤，又遭遇大雨，天变得很黑，我们只好停下。

“幸亏我们上到高处，否则我们俩可能已经成为全国的失踪人口了。”小唐坐在卷卷的自行车的后座上，轻声感叹着。

“后来我们用手电筒发信号，寄希望于万一，果然命不该绝，被你们救了。”

回到家中，冲澡、换衣、喝水、吃饭自不必细说。王大爷给小唐检查了伤处，骨头无大碍，但血肉模糊，伤口已经感染，清水冲洗后敷上药简单包扎。卷卷把他们送到了周围最近的医院。

第二天，小博和小斐早早地来到卷卷家。三位学生参加了整个救援过程，心里特别兴奋。

“那条绳子天梯真棒，真是最简单、最精致的天梯！”小斐回味着赞叹着。

小博：“绳子上结上疙瘩，绳子就不滑了，你爸想的方法真有用。”

小璇也眉开眼笑，从心底里高兴：“这是增大摩擦力的方法，我老爸是物理老师，很容易想到这些方法的。”

小博感叹：“知识就是力量，真的。”

小璇妈妈：“那不一定，学成书呆子，有知识也没有。应该这样说，知识应用于实践才能产生力量。”

下午四点多，卷卷回来了，孩子们围着他问这问那。他不忍扫了孩子好学的兴致，给他们介绍起一些摩擦力的知识。卷卷做动作，“两只手是两个物体，合在一起，就是接触。明白吗？”

“明白，相互接触的物体。”孩子们点头。

“之间有压力时，”卷卷两手用力压在一起，“做相对运动，”两手开始搓动，“两个手分别受到对方的摩擦力。你们试一试。”

几个人双手合十搓动起来。

“阿弥陀佛，善哉，善哉！”小博笑道。

“摩擦力分为三种，有静摩擦力、滑动摩擦力、滚动摩擦力。”

“好复杂呀！”

“摩擦力与我们的生活息息相关，假如没有摩擦力，你很难来到我家，也拿不起东西，吃饭都困难。”

“有这么严重吗？”小博说。

卷卷：“我们手拿起东西，靠的是手和物体间的摩擦力，用筷子夹菜，靠的是筷子和菜之间的摩擦力，走路靠的是鞋子和地面之间的摩擦力。”

“真的是。”大家不禁仔细端详起自己的手来。

“老师，如果没有摩擦力，是不是就像在冰上走路？”

“不，比在冰上走路还要难，冰和鞋子之间仍然有摩擦力。”

“太滑了，可怎么走？”

“太滑了，可怎么吃？”小斐做了个手拿食物吃的动作。

卷卷问：“冰上太滑容易摔倒怎么办？”

小博：“撒上一些土就行了。”

“你很有生活经验，很好，可为什么呢？”

“我知道，是增大了接触面的粗糙程度。”小璇回答。

卷卷：“滑动摩擦力和滚动摩擦力的大小，都与压力和接触面的粗糙程度有关，接触面越粗糙，摩擦力越大。而静摩擦力呢，粗糙程度也影响着它的最大值。你们能举出增大粗糙程度来增大摩擦力的生活实例吗？”

“自行车把上有花纹。”

“螺丝刀柄上有凹槽。”

“今天在绳子上打结救人，也是增大粗糙程度。”

“非常好，生活中有很多。”

“老师，您讲的太多了，记不住也听不懂，还是做点小实验吧！”

“好吧，下面我给你们做几个小实验。”

实验十五：铅笔下坡

实验器材

铅笔一支、木板

实验内容

把木板固定成斜面。将铅笔竖放在斜面上，发现铅笔静止，并没有滑下来。把铅笔横放在斜面上，发现铅笔滚落下来。为什么两次会有不同的效果？

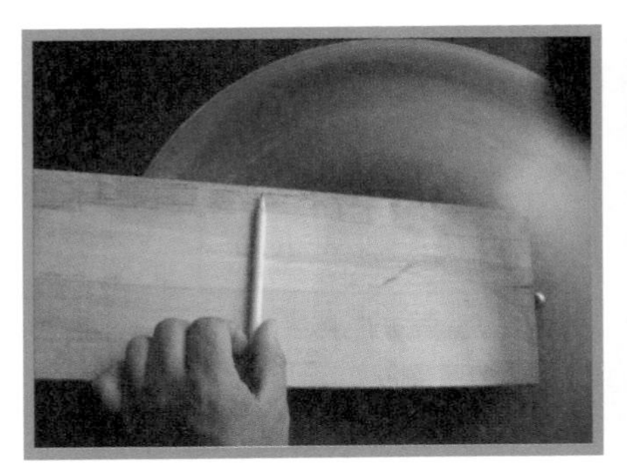

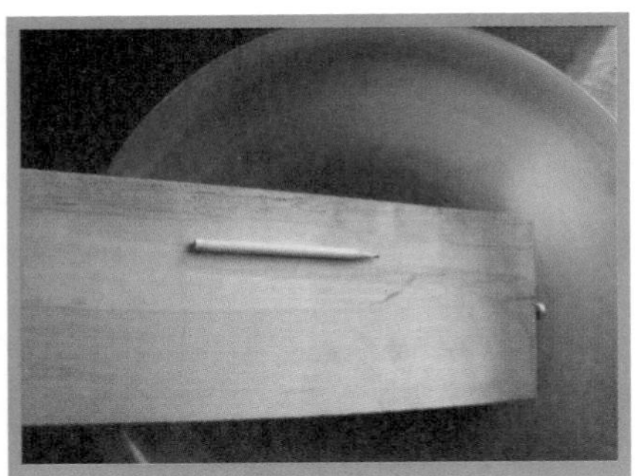

原理解析

竖放时，铅笔与木板之间是静摩擦力；横放时它们之间是滚动摩擦力。一般来说，滚动摩擦力要比其他类型摩擦力要小很多，因此出现了实验中的不同情况。

小博："这个实验太简单，不太好玩。"

卷卷沉吟着，顺手把一支铅笔拿在手中，"我把铅笔横放在两个手指上，我要同时移动下面的手指，你们观察一下我的哪个手指在铅笔下先滑动。"

实验十六：哪个手指先动

实验器材

一支铅笔（直尺亦可）

实验内容

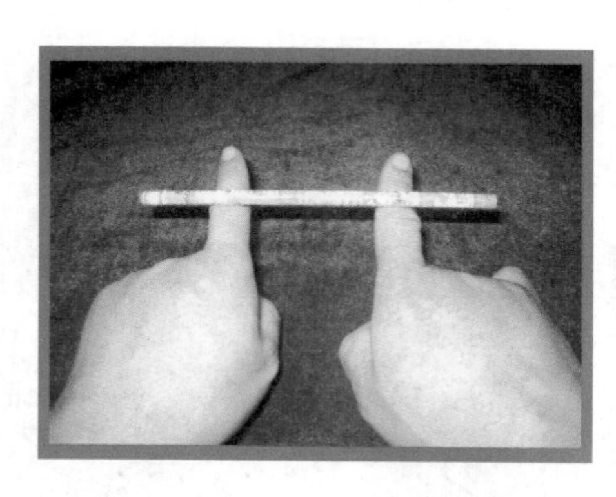

把双手平放在胸前，只伸出两个食指。把铅笔放在两个食指上，开始托着铅笔横向移动手指。

三个人聚精会神地观察。

"我观察到了，为什么总是一个手指头在滑动?"

"再观察，你们自己来体会，把观察到的和你们的想法告诉我。"

于是他们一人一支铅笔兴致勃勃地玩起这个小游戏。

结果发现：两个手指虽然都试图移动，但一般不会出现同时滑动的情况，总是一个在滑动，另一个相对铅笔静止。

"为什么会这样？"

卷卷："再仔细观察，动的这个手指离铅笔的中心远还是近。"

小斐："我看出来了，总是那个离铅笔重心远的手指滑动。"

"非常好，道理是什么呢？"

原理解析

这是因为两个手指都受到铅笔的压力，但靠近铅笔重心的手指受到的压力比较大，离重心远的手指受到的压力小。压力大的手指与铅笔之间的摩擦力更大，因此不容易滑动。

小璇总结道："摩擦力大小除了与接触面的粗糙程度有关外，还与接触面间的压力有关。在相同情况下，滚动摩擦更小，对不对？"

"总结得非常好。天色已晚，小博小斐是不是该回家了呢？"

"我们还不想走，还有什么有趣的实验？"

"这样吧，我们来一起做一个实验，但结果明天早上来看，好不好？"

"好！"两个人痛快地答应道。

实验十七： 筷子提米

实验器材

大米、玻璃杯、一支竹筷子、水

实验内容

卷卷将大米装进玻璃杯，另一手拿了一支筷子。他把杯子放在石桌上，"你们看，我把筷子插进大米再拔出来，很容易吧？"他边说边演示。很显然，筷子很轻易地被拔出来。然后卷卷将半瓢水小心地倒进杯子，直到水把最表面的米濡湿。

"现在我们就把它放起来，到明天你们会看到奇迹。"

“什么奇迹？快告诉我们吧？”

“那不行，必须要放上一夜才能出效果，今天就到这吧。”

两人无奈地站起来，说声再见，向自己家跑去。

第二天清晨，兄妹两人来到卷卷家。他们将要看到的奇迹是什么呢？卷卷小心地拿起筷子，居然把一玻璃杯米提了起来。

小斐：“为什么用一根筷子可以提起这么重的东西？”

小博：“肯定是摩擦力帮了忙。”

小璇：“浇上水，干燥的米经过一夜的浸泡肯定涨大了许多，对筷子的压力增大了，因此增大了摩擦力。我解释的对吗？”

卷卷：“对，只是你在摩擦力前面加上‘最大静’三个字就更好了。”

原理解析

这是因为加水后米发生膨胀，将筷子压紧，增加了筷子与米之间的最大静摩擦力，同时米与杯壁的最大静摩擦力也增加了，因此会出现上述的现象。

卷卷接着解释：“物体受到的静摩擦力大小，一般通过与它相平衡的力的大小来得出，但最大静摩擦力是与物体间的压力有关的。压力越大，最大静摩擦力就越大。本试验中，随着米的膨胀，筷子与米之间的压力不断增大，最大静摩擦力也不断增大，当它大于或等于杯子和米的重力时，提筷子就能把杯子和米一起提起来了。”

小璇：“爸爸，我来总结一下，摩擦力是一种阻碍物体运动的力，它的大小与压力和接触面的粗糙程度有关，对不对？”

卷卷：“需要更正一个地方，是阻碍物体间的相对运动，不是运动，物体所受的摩擦力也常常与物体运动方向相同。”

小璇：“相对运动与运动有什么不同，运动不都是相对的吗？”

卷卷："运动是相对的，参照物可以任意选，而摩擦力这个相对运动特指以相对摩擦的另一个物体为参照物。"

小博开始抗议了："你们说得太绕了，我们听不懂。"

"这样说吧，"卷卷调整思路，"摩擦力也是有方向的，如果物体受到的摩擦力与物体运动方向相反，那就是阻碍；如果相同就是提供动力，能明白吗？"

"我们有些糊涂。你给我们举例说明一下吧。"

"比如汽车在加速时，驱动轮受到地面给它的摩擦力是向前的，提供动力；再比如人走路时，受到的摩擦力也是向前的。"

"人走路时，受到的摩擦力也是向前的？我以为是向后的。"

卷卷站起来，抬起一只脚做出向后蹬地的动作。"人在走路时，脚要向后蹬地，这样脚相对于地面有向后运动的趋势，因此地面给脚的摩擦力是向前的。"

小璇："这样人受到的摩擦力就与人的运动方向一致了。"

卷卷说："我们来做一个小实验。"

实验十八：摩擦力的方向

实验器材

轻质木板、遥控玩具汽车、圆柱形铅笔10根（不带橡皮头）

实验内容

把10根铅笔均匀平行放在水平的桌面上，上面放上轻木板，把遥控汽车放到木板上。在木板上标记出汽车的起始位置，在桌面上标记出木板的起始位置。用遥控器操纵汽车直行一小段距离，静止后，再次记下汽车和木板的位置。发现汽车向前运动的同时，木板向后运动了。这一切都说明了什么问题呢？

原理解析

为什么木板向后运动？这是因为受到汽车给它的向后的摩擦力，木板的运动方向与受到的摩擦力相同，这个摩擦力的反作用力方向是向前的，给汽车提供了动力，于是汽车向前运动，汽车受到的摩擦力与汽车运动方向也是一致的。

做完小实验，三个人在院子里玩起了遥控汽车。此时阳光已经很强烈，透过高大的梧桐树在地面留下了一个个光斑。

第六章

物体都有的惯性

小博和小斐一天都没来。原来，小博跑步的时候一不小心摔倒了，腿上、胳膊上都受了伤，此刻由爷爷奶奶照顾。

月亮明朗地挂在树梢，清凉的风送来青蛙的叫声。晚饭后，一家人在院子里纳凉聊天，不一会儿小旋就进入了梦乡。

第二天，小博和小斐来了。小博的胳膊、腿上都缠上了绷带，走路一瘸一拐的。

卷卷一见，打趣地说："小博，刚几天没见，怎么成了伤病员了？"

小博不好意思地嘿嘿直笑。

"我跑得太快了，一块大石头绊了我一下，就成这样了，胳膊和腿都摔在碎石头上，这才受了伤，开始不怎么疼，用清水洗了洗，上了药，包好了更疼了。"

"你是被惯性给害了。"

"惯性？它怎么害我了？"说着，他们都在熟悉的小石桌旁坐下。

"现在我来做几个小实验，让你们认识一下什么是惯性。"

实验十九：棋塔为什么不倒

实验器材

象棋子、长直尺

实验内容

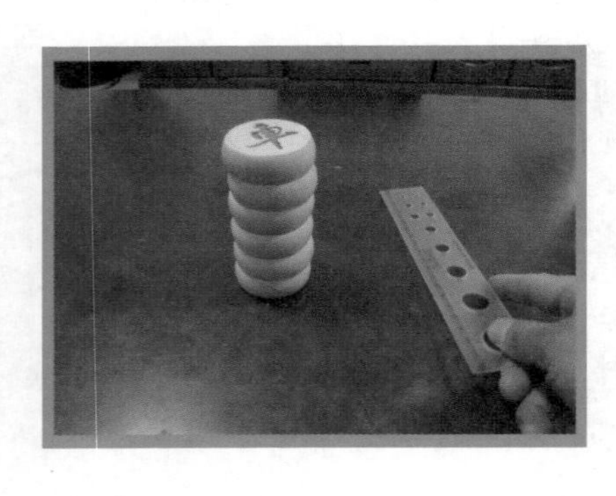

将象棋子在平整的桌面叠起来，用直尺迅速将最下面的一个棋子向侧面打出，上面的棋子不会倒，而是垂直向下落一层。

“为什么棋子没有倒下来？”三个孩子有些意外。

“因为物体具有惯性。惯性是任何物体都有的，要保持原来的运动状态不变的性质。当最下面一块棋子被打出之时，上面的棋子由于惯性还保持原来的运动状态，也就是静止状态，因此落下来并没有随着被打出。”

“惯性就是物体保持原来运动状态不变的性质。”小博回味着这句话，仍不是很明白。

卷卷：“下面我们来模拟一下坐汽车的情况。”

实验二十：木块向哪个方向倒

实验器材

两个木块

实验内容

实验1：将甲木块平放在桌面上，将乙木块立放在甲上。用手猛得拉动甲木块向前运动，发现乙木块向后方倒。

实验2：使甲乙两木块一起向前运动，突然使甲木块停止或减速（由手来控制），发现乙木块向前倒去。

原理解析

实验1：甲向前运动，由于摩擦带动乙的下部也向前运动，但乙的上部由于惯性仍保持原来的静止状态，因此向后倒。实验2：乙的下部减速，但由于惯性上部仍向前运动，于是向前倾倒。

卷卷给他们解释了木块前后倒伏的原因，孩子们都说坐汽车的时候很有体会。

小博："老师，我觉得我这次摔倒，就和急刹车的情况是一样的。脚下停止了，可上身由于惯性还在继续向前，这样就摔倒了。"

"老爸，坐小汽车都要系安全带，就是为了防止惯性带来的危害吧？"小璇问道。

"是呀，汽车在急刹车时，或者与前车发生撞击时，如果没有安全带的保护，人很容易由于惯性前倾或向前撞击，那是十分危险的。"

卷卷又给他们做了一个有趣的实验。

实验二十一：哪根细线先断

实验器材

细线、石头

实验内容

将细线的一端固定在某处，在细线下捆绑上一块石头。注意石头与固定点之间有一段细线，将捆绑后多余的细线垂落下来。用手将垂落的细线抓在手中，向下猛得用大力拽拉，发现吊石头的细线没有断，而下面的细线却被拉断了。如果不是猛地用力而是缓慢向下拉，哪段绳子先断呢？多试几次思考其中的道理。

原理解析

这是因为石头具有较大的惯性，瞬间石头与上面悬挂的细线之间并没有产生较大的拉力，没有断；而下面的绳子被拉断了。如果缓慢拉动，石块在这段时间内会向下运动，对上面的绳子产生更大的拉力，因此上面的绳子会先断。

小斐："老师，一切物体都有惯性吗？"

"是啊，运动的有，静止的有，固体有，液体有，气体也有。"

"那您做一个液体有惯性的实验吧？"

"好，你们来看，这就可以说明水有惯性。"

知识链接

假如一辆汽车出现故障熄火了，需要另一辆汽车来拉动，两辆车用绳子相连，前面的车一定要缓慢开动，使绳子慢慢张紧才可以；如果前车一开始就以一个较大的速度向前拽绳子，在用力的瞬间，后车由于惯性并未向前运动，绳子上会产生很大的力，很容易把绳子拉断。

实验二十二：水向哪个方向流

实验器材

一次性纸杯或塑料杯、剪刀、水

实验内容

用剪刀将纸杯剪出一前一后两个相对的豁口，注意将缺口剪得一样深。盛满水，此时水只能装到豁口处。将水杯端起，使两个豁口与自己身体在一个方向上。

实验1：突然向前迈步行走，发现水从后面的豁口流出。

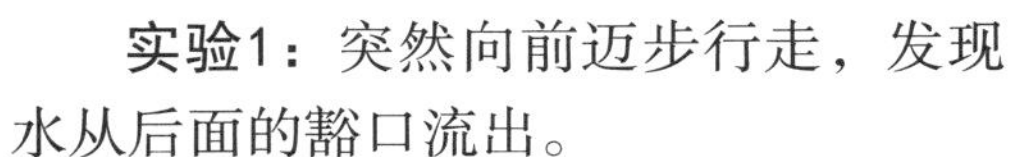

实验2：缓慢行走，逐渐加速，使水和身体具有向前的速度，突然停止运动，发现水从前面豁口流出。

原理解析

实验1：说明静止的水具有惯性。实验2：说明运动的水也具有惯性。

小璇：“确实，这个实验可以说明液体与固体一样有惯性。”

卷卷：“我往地上泼一杯水也可以说明水有惯性。”说着，他把

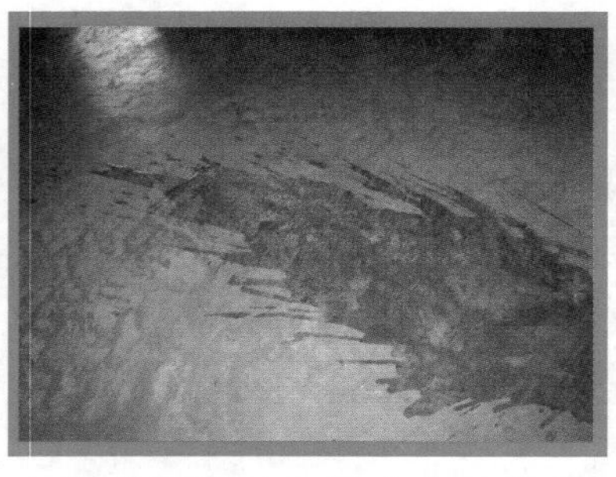

一杯水向前方泼出，“你们观察水在地上的形状，有什么特点？”

小璇：“有许多小水流向前，向两侧的极少，向后的没有。”

卷卷：“这说明水从杯子里泼出，有向前运动的趋势；落地后，由于惯性水依然保持向前的速度，因此水痕成为明显向前冲击的样子。这说明液体也有惯性。”

卷卷发现小博似乎在强忍着疼痛，连忙问小博：“小博，你今天不舒服，早点回家吧？”

“不用了，疼是一阵一阵的，我吃点药，一会儿就好了。”

“我去倒水。”小璇跑到屋里拿了个碗，拿着一个暖瓶出来，把水倒上，水上飘着热气。“我再去给你拿把勺子搅一搅，凉得快。”小璇拿着勺子不断搅着水面。

“老爸，你看，这碗里的水为什么转起来就不平了？有一个凹面。”

大家一看，小璇搅得水中间都凹了下去，水都挤到了边沿上。

实验二十三：凹陷的水面

实验器材

碗、水、筷子（小勺）

实验内容

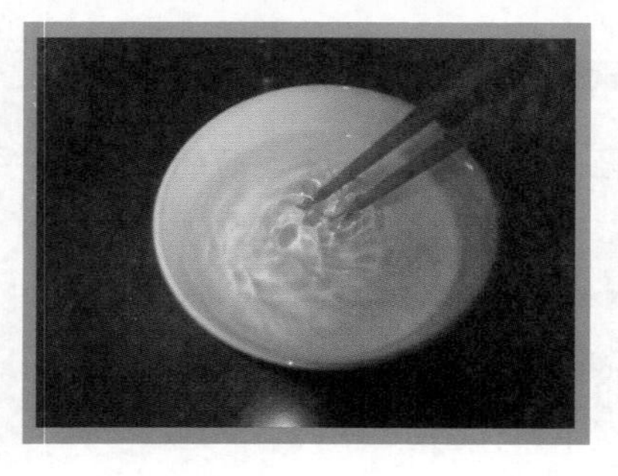

在碗里盛上半碗水，把它放在桌面上，观察水面是平的。把筷子放在水里，开始向着逆时针或顺时针方向搅动，越来越快搅动，再观察水面还是平的吗？水面为什么向下凹陷？

卷卷："我很高兴，因为现在你们已经有了问题意识，司空见惯的现象也能问个为什么，非常好！每个现象背后都隐藏着原因，这个碗中的水如果不再搅动，水面一会就会是平的。"

大家说着话时，碗内的水又恢复了平整。

卷卷："搅动使水获得了速度，由于水有惯性，而水获得的速度方向是沿着转动的切线方向，于是冲向碗沿，而碗沿高出水面，阻止它们冲出，于是在碗的边沿上形成了挤压，于是四周水面变高了。"

"老师，我记得在一本科普书上解释是离心力的原因。"小斐说道。

"也可以用离心力解释。就是旋转时物体好像是受到了一个使它远离旋转中心的力，就是离心力；但是这个离心力，是从总体效果上来假设的一个力，也就是说实际上并不存在一种专门的力叫做离心力。但是我们不妨这样认为，因为它能解释现象。"

"我们有些糊涂了，真正科学的原因是什么？老爸。"

"是老爸刚讲过的，液体的惯性。"

"老爸，洗衣机甩干衣服是不是一个道理？"小璇问。

"是呀。小博，咱们光顾说话了，水都凉了，快吃药吧！"卷卷给他端起碗。

小博不好意思地笑了。

吃完药，小博正在收其他的药，小璇拿过了他的药盒："我来看看，我上小学的时候，我们的科学老师用胶囊给我们做了一个有趣的实验，叫做'会翻跟斗的胶囊'，我们也来试一试吧！"

卷卷："你说得对，确实有这样一个趣味小实验，不过还需要一个小钢珠。"

"我去抽屉里找一找。"小璇起身跑回屋里。

实验二十四：会翻跟斗的胶囊

实验器材

小钢珠、胶囊、斜面

实验内容

将一个胶囊里面的药倒掉，把小钢珠放进去，注意小钢铢的大小能够在胶囊中自由滚动。将胶囊合起来放在斜面上，注意要竖放不要横放，此时会发现小胶囊会向下翻跟斗。

原理解析

这是因为钢珠在胶囊中滚到下面，胶囊的重心都集中在下部，同时由于惯性，钢珠有一速度，会撞击胶囊壁使之翻转，不断重复这个过程，于是出现了上述现象。

他们正为实验成功而欢呼，刘小萌来了，手里拿着一个鸡蛋。小萌是邻居刘大叔的孙女，她听到这边玩得这么热闹，也过来玩了，她长得很漂亮，像个洋娃娃。她见小博哥哥的样子吓了一跳："小博哥哥，你怎么了？"

"没什么，就是摔了一下。快来看这个有趣的小实验吧。"

卷卷："小萌，怎么拿了个鸡蛋？是生的还是熟的？"

"是煮熟的，早饭我没有吃，就拿来了。"

卷卷忽然想到什么，忙问："你们知道怎样区分熟鸡蛋和生鸡蛋吗？"

"这个我知道。转一转，熟鸡蛋能转得时间长，生鸡蛋转不了几圈就会停下来。"小博回答。

"老师，这是不是惯性的原因？"小斐问

"是啊，熟鸡蛋能旋转很长时间，是因为熟鸡蛋内部已经是固体，与外壳结合成一个紧密的实体，获得一个转动速度以后，由于惯性还会继续转动一段时间；而生鸡蛋，内部是液体，液体与外壳之间不能很好地结合为一个整体，这样外壳在转动，内部的液体并不能很好的随着旋转，而且通过内部的黏滞力，阻碍了外壳的转动，因此生鸡蛋不容易转动起来。"

实验二十五：站立的鸡蛋

实验器材

煮熟的鸡蛋

实验内容

想把鸡蛋立在桌面上很难做到。如果把鸡蛋旋转起来，观察一下，鸡蛋是不是稳稳地立着并且可以坚持较长的时间？为什么旋转起来鸡蛋就能立住？

卷卷："这里利用了陀螺原理。陀螺原理是指物体旋转起来后，它的稳定性会增强。比如骑自行车，如果不行走，要让两个轮子支撑身体很难稳定，但是要是骑着行走起来，这时候车子就会很稳定。"

大家在讨论陀螺原理的时候，小璇还在想惯性的问题。她提了一个问题："老爸，惯性有大小吗？"

"有啊，物体惯性的大小只决定于自身条件，是物体的一种固有属性。因此在解释问题的时候，不能说物体受到了惯性的作用，只能说由于物体的惯性。下面我用一个小实验来揭示一下惯性的大小与什么因素有关。"

实验二十六：鸡蛋与蛋壳

实验器材

一枚鸡蛋、一个蛋壳

实验内容

把鸡蛋和蛋壳放在桌面上，分别向它们用力吹气，发现鸡蛋几乎不动，而蛋壳却被吹跑了。实验虽然简单，但要问一个为什么。有人会说，因为蛋壳轻，所以容易被吹走。那么，为什么轻就容易被吹走呢？这里面有什么道理吗？

原理解析

实验说明质量小的物体受到力的作用时更容易改变运动状态，也就是惯性小。

卷卷："一切物体都有惯性，无论是固体、液体还是气体，无论物体受力或是不受力，无论物体是运动还是静止。惯性也有大小，它只与物体的质量有关，质量越大，惯性越大，越不容易改变运动状态。

我吹一口气，质量大的鸡蛋没有动，而质量小的蛋壳被吹动了，说明质量大惯性大，不容易改变运动状态，而蛋壳质量小，惯性小，很容易改变运动状态。

小萌拿起蛋壳玩，忽然对大家说："哥哥姐姐，我们用蛋壳做一个不倒翁吧？我在电视里见过。"

"好呀！怎么做？"小斐问。

小璇："我会，我来教你们。老爸您休息一下。"

实验二十七：蛋壳不倒翁

实验器材

鸡蛋、胶水、细砂、彩笔、彩纸、剪刀

实验过程

在鸡蛋小头的一端打开一个洞，把蛋清与蛋黄倒入一个碗中。将一些细砂和一些胶水倒在一起，找一个小棒轻轻搅拌，将它们从

小洞装入鸡蛋壳使沙子面到大约鸡蛋的三分之一多。晾干，在蛋壳上画出人头的形象，涂上色。顶端用彩纸剪成一顶帽子或头发，粘在头顶。用手推他，他会晃动但不会倒下。

孩子们做好了不倒翁，画上了眉眼鼻口耳，用手戳着它玩非常高兴。小斐问："老师，这不倒翁为什么不倒？有什么道理？"

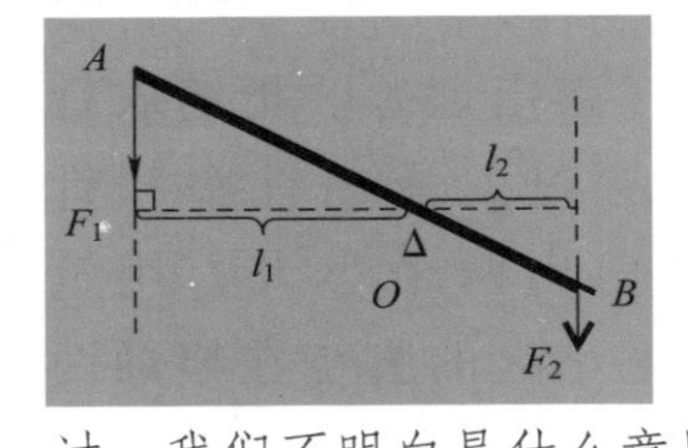

"简单点的解释就是重心越低越稳定。站立时，不倒翁重心最低，因此它总是要回到重心最低的状态。要是复杂点，要从杠杆和力矩的角度来解释。"

"杠杆我们听说过，力矩没有听说过。我们不明白是什么意思。"小伙伴们满脸疑惑。

卷卷拿一张纸，在上面画了一个杆AB，画了一个三角当支点O，两边各有一个力F_1、F_2，过支点O，分别向F_1、F_2所在的直线做垂线段，为L_1、L_2，其长度称为力臂的大小。然后卷卷说："F_1乘以L_1，是一个力矩，使杠杆逆时针转动，F_2乘以L_2是另一个力矩，使杠杆顺时针转动，如果相等，杆就平衡，如果一方数值大，占有优势，杆就会按它的作用方向转动。如果力的作用线过支点O，那么其相应的力臂为0，那么相应的力矩为0，对转动没有影响。当不倒翁向右边摇动的时候，重力G产生的力矩会把蛋向左拉，如果蛋向左倾，力矩使它向右转，这样直到G的作用线过O点，这样力矩为0对转动没有影响，不倒翁就会立在正中央。

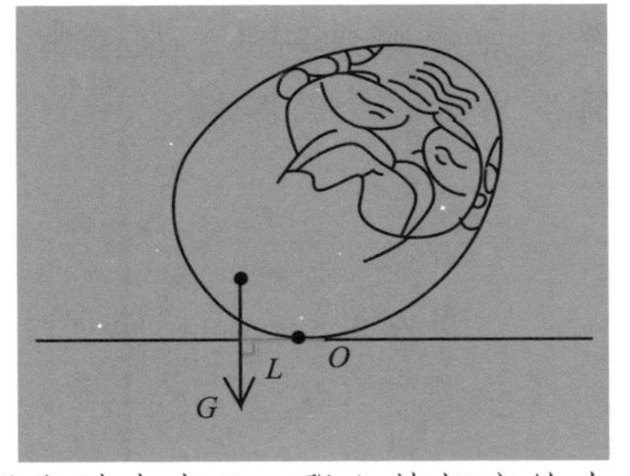

"老师，这个图就是一个跷跷板呀。"小萌喊道。

"对！"卷卷抹一把头上的汗水，"跷跷板就是杠杆。"

"下面，我给你们做一个蜡烛跷跷板。"

"好好，一定很有趣。"一听到又有好玩的东西，孩子们都兴奋起来。

实验二十八：蜡烛跷跷板

实验器材

长蜡烛一支、大号缝衣针一根、剪刀、两把钳子、彩纸片、白纸一张、双面胶、笔

实验内容

把蜡烛底端的蜡刮掉一些，使之像顶端一样露出烛芯。把缝衣针从蜡烛中部穿过，露出针头和针尾。用彩纸剪出两个小人，用笔画出五官。把小人的脚绕在蜡烛两侧，下面用双面胶粘好。在桌边用两把钳子把针固定好；蜡烛下面铺一张纸，用来接滴下来的蜡液。点燃蜡烛两头，随着蜡油的滴下，蜡烛两端分别上升、下降，成为一个跷跷板。

原理解析

当左边的一滴蜡滴下时，该侧的动力（半边蜡烛的重力）乘以力臂变小，于是上升；当另一侧的蜡烛滴下时，另一侧上升，这就成了一个小小的跷跷板。

知识链接

杠杆的分类：杠杆有三种，一种是省力杠杆，可省力但要多费距离，如钳子等；另一种是费力杠杆，费力但可以省距离，比如用渔竿向上钓起鱼儿；还有一种是等臂杠杆，既不省力也不省距离，如天平。

第七章

难忘的纳凉晚会

这天晚上，几个人早早吃了饭，把道具运到了村委大院。他们特意穿上了漂亮一些的衣服。

院子里已经聚了老老少少四五十人。书记老李登上主席台，声音响亮地说道：“乡亲们，静一静，孩子们别跑了，演出准备开始了！”

李书记退下去了，卷卷走了上来，他下身穿长裤，上身穿短袖白衬衣，向着台下一抱拳。

“各位乡亲父老，大家用过铁锅、铝锅，可您用过纸做的锅吗？”

“没有。”台下几人回答。

“您可能会问，这纸锅能用吗。大家看，我这儿做了一个纸锅，您看看。”说着他走到台前递给台下的人，然后又收回来。

“这确实是纸锅，我可以用它来烧水，把水烧开，您信不信？”

“不信，那纸锅还不烧着了？”有位老人说。

“好，耳听为虚，眼见为实，我们盛上水来烧它。”

卷卷把准备好的架子放好，架子上有个十字的铁丝，把纸锅放在上面。“为了节省时间，我们倒上一些暖水瓶里的热水。”他又在架子下面点上了火，他小心地控制着火头的大小和燃烧的位置，使火焰始终在锅底。

大家瞪大眼睛观察，希望看到纸锅被烧着，可惜火已经烧了一段时间，锅既没有着，水也没有漏下来，下面有声音骚动起来。

“好了，快开锅了，请几位到台上来看一看。”卷卷向台下示意。

几个人从一旁的台阶走上去，蹲下来看纸锅。“真的，水烧开了！纸锅真的能烧开水，那以后还可以用纸锅来做饭了，哈哈！”几个人笑着下了台。

王大妈喊：“水都烧开了，那纸咋就没着呢？”

“这个问题很好！下面我来说叨一下。”卷卷把纸锅的水倒掉，拿着底已经被烧黑的纸锅走到前面。

“这个柴呀、纸呀、煤呀等燃料，要想着起来，温度要达到他们的着火点，也就是某一个可以使它点着的温度，如果达不到这个温度，它们是点不着的。”

“当纸锅里面盛上水加热时，火产生的热量被水很快传走，没有达到纸的着火点，纸锅不会着，水温逐渐升高到沸腾，水大量从锅底吸热，水的温度就保持一定不再升高，这个温度叫做水的沸点。大家都有体会，做饭时就怕烧干了锅，水还没烧干之前，水和锅的温度是不再往上升。但是水烧没了，锅的温度就会上升，锅里的饭就糊了，还可能引起火灾，大家一定要注意。”

“纸的着火点温度比水的沸点温度高，水不断从锅底吸热，最多温度能达到水的沸点，水烧开，但是还达不到纸的着火点，因此，纸锅能烧开水而没有被点着。大家明白了吗？”

“明白了，明白了，上次蒸馒头水烧干了，馒头都糊了。”有位老人说。

实验二十九：纸杯烧水

实验器材

一次性纸杯、铁丝架、蜡烛、火柴、水

实验内容

把纸杯放在铁丝架上，倒入半杯水，点燃蜡烛放到杯下，调整杯子、铁架、蜡烛的高度，使火焰烧在杯底。经过一段时间，水被烧开了。

卷卷：“大家可能从小说、电视上见过，有人能从滚开的油锅里把铜钱拿出来，手并没受伤，有功夫啊，但是那都是江湖骗子的伎俩，下面我也给您表演一下。来小徒弟们，把锅架上。”

小璇和小博小心地把一口黑锅放到刚才烧水的架子上。

“告诉大家，里面倒的是油，什么油？花生油，我给您蘸点瞧一瞧。”说着他用卫生纸在锅里浸了一下，拿给台下的观众。

“是，油，是油啊”刘大婶笑嘻嘻地对大家说。

“那好，小徒弟加火，烧开它。”

小璇和小博向锅底添着木柴。卷卷继续说：“这不是炸油条、炸麻花，咱们都知道，油烧开了那温度是很高的，一个油点嘣到身上，就很疼，现在我要把手伸进滚开的油里，大家仔细看。”

大家屏住呼吸聚精会神地望着卷卷。

卷卷走到锅旁：“好，油开始翻滚了，请刘大婶您来看一看做个见证。”

刘大婶上了台，“看到了，确实油滚开了。”说着她向台下挥一挥手，走下台来。

“好，加大火。”卷卷把一个一元的硬币向观众亮了亮，“我现在把这枚一元的硬币放进去。”

“好，我要伸手去捞了。小博，你给我准备一盆凉水，捞完了我洗手。”

卷卷对着油锅，往下伸手，又停止，然后似乎是下了很大的决心，迅速把手伸进去。大家瞪大了眼看他，一时都安静下来，有的人张着嘴巴呆住了，他们从来没有见过这么惊险刺激的表演。卷卷脸上显出痛苦的神情，手在油锅里寻找，不一会儿他拿出了硬币。“我成功了！”卷卷向大家展示了一下，把手和硬币放进了早准备好的冷水。

卷卷在冷水里洗了洗手臂，又来展示捞出的硬币。

“呀，这手怎么没事？”观众发出嘈杂的疑问声。

面对大家的疑问，卷卷说道：“现在我要郑重地告诉大家，锅里不是油，也不是水，大家，尤其是小朋友，千万不能模仿，这里面是有秘密的。”

“如果真是油的话，我的手早废了，因为滚开的油温度好几百摄氏度。其实我这上面只有一层油，油的下面是什么呢，也不是水，水烧开了温度有一百度，我也得被烫伤上医院，油下面是醋，醋的沸点只有四五十度，沸腾后，液体的温度不再升高，从上面看呢，好像油在滚，但底下温度并不高。”

“原来是这么回事。”众人恍然大悟。

实验三十：油锅取物

实验器材

灶、锅、食醋、花生油、火、一元硬币、燃料（木材、燃气等），盆、凉水

实验内容

锅内倒上食醋，食醋上倒上一层花生油，把锅放在灶上点燃火加热，当看到油面滚动时，放下一枚硬币，然后伸手从中取出。把硬币放入冷水盆，同时把手上的醋和油洗去。

原理解析

食醋的沸点低，食醋沸腾后，从表面看是油在滚动，因此手伸进去不会烫伤。

注意：此实验具有危险性，小朋友千万不要自己做。

卷卷表演完了，几个人收拾东西下台。小璇搬上了一张桌子，走到前台鞠一个躬：“大家晚上好，我来表演一个节目，叫做烧不坏的手帕。”

她向台下展示了一块白手帕，“我把它放到盘子里，洒上酒精点燃它。这是一小瓶酒精，大家闻一闻。”说完向下递给观众。

“我把酒精撒到手帕上，点燃，大家看——”

她洒上酒精，用打火机点燃了手帕，顿时手帕上腾起黄色的火焰，她用长镊子挑起，火烧得更旺了。这时她立即放入一个盛水的碗中摁下去熄灭。

“大家觉得手帕肯定烧坏了吧？”说着她把手帕从碗里拿出来展开。

“哇！”大家发出惊呼声，白

手帕几乎完好无损。

“这手帕明明是着火了，为啥没有烧坏？”台下议论起来。

“让我来告诉你们其中的秘密：开始我的手帕就是湿的，洒上酒精点燃后，主要是酒精在燃烧，燃烧要放出很多热，而手帕上的水会汽化变成水蒸汽，这个过程吸热。这样，水汽化吸走了酒精放出的热，保护了手帕，手帕就没有被烧坏。”

实验三十一：烧不坏的手帕

实验器材

手帕、酒精、水、盘子、镊子、火柴

实验内容

预先把手帕浸水弄湿放在盘子里，在观众面前，将少量酒精洒在手帕上。点燃手帕，用镊子挑起手帕，使之燃烧，当燃烧一段时间后，甩动镊子把火熄灭。奇怪的是，手帕并没有被烧坏。

原理解析

湿手帕上的水汽化（液体转化成气体的过程）要吸热，把酒精燃烧放出的热量吸收了，从而短时间内保护了手帕。

小博和小斐走上台来，“下面由我们两个表演。”

台下响起热烈掌声，因为大家都很喜欢这一对双胞胎兄妹。

小斐拿出一个红色气球吹起来。

小博：“妹妹，快表演节目啊，你怎么吹气球玩？”

“说好你先表演，我先玩会儿。”

“那好。”小博拿出一个矿泉水瓶子准备表演。小斐拿着吹起的气球一松手，气球发出“扑”的响声，跑到了台子的一角，台下人哈哈大笑起来，小斐赶紧去捡起气球，擦一擦又要吹。

“妹妹，妹妹，你别玩了，我要表演了。”可小斐不听话。

“这样吧，”小博拿过小斐的气球，把气球囊塞进瓶子，把气球的口翻过来箍住瓶口，“你有本领把里面的气球吹起来吗？”

“好，我试试。”小斐拿过瓶子，对着瓶口使劲吹，腮帮子都鼓起来了，可里面的气球就是胀不起来。

实验三十二：吹不起来的气球

实验器材

塑料矿泉水瓶、小气球

实验内容

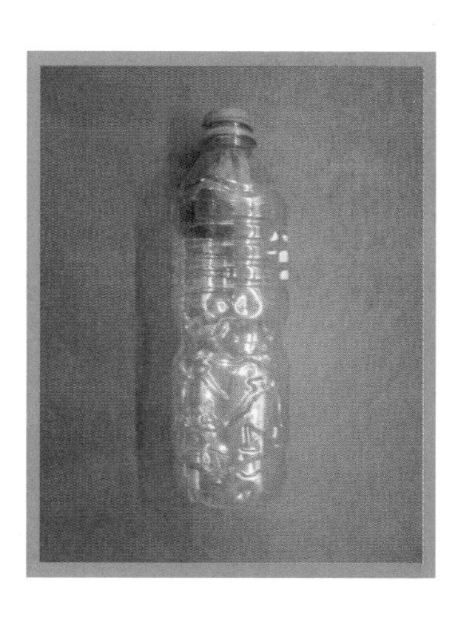

在空气中吹气球，气球很快涨大了。把气球撒气后，球囊部分放入瓶中，把气球的口翻到瓶子口上，用手按住瓶口向气球里面吹气，任你用多大的力气，气球都涨不大了。

“我吹不动它，这是为什么？”

“你年龄还小，本事小，你长到哥哥这么大的时候就能行了。”

台下观众哈哈大笑起来。

“你能吹起来吗？”

“我当然能，我不但能吹起来，还能让气球开着口胀起来。”

“你吹牛！”

“爷爷奶奶们，你们信吗？我能吹起来，还能让开着口胀起来。”

“不信！信！”大家都感兴趣了，但意见不一。

卷卷心里直乐："这小博，还蛮有表演天赋。"

"好，见证奇迹的时刻到了。"说着他含住瓶口，双手捂住瓶子向里吹气的同时向后转了个身，在转过来时，大家发现气球在瓶子里慢慢胀大，充满了大半个瓶子。然后他捏住瓶子，把瓶口从口中拿出来。

"哇！"大家惊呆了，气球开着口，可球依然在里面保持膨胀状态。

"怎么样？开口却不撒气，大家看见了吗？"

"好，好好，太好了！"掌声一起爆发出来。"我让它撒气，变小，变小。"说着，气球在瓶子里慢慢缩小。

实验三十三：开口却不撒气的气球

实验器材

塑料矿泉水瓶、小气球（球皮较薄的轻质气球）、锥子

实验内容

在塑料矿泉水瓶底部用锥子扎一个孔，把小气球囊塞进瓶口，把气球口翻过来固定到瓶口上。向气球吹气，气球不断膨胀，把瓶里的空气通过底部的小孔排出一些。用手指堵住小孔，停止吹气，把瓶子从嘴里拿开，发现尽管气球开着口，但气球继续保持膨胀状态，并没有瘪。

本实验为什么要用轻质气球，如果球皮较厚，会有什么现象？可以试一试。

"我来说一下为什么我吹不起来瓶子里的气球。"小斐举起瓶

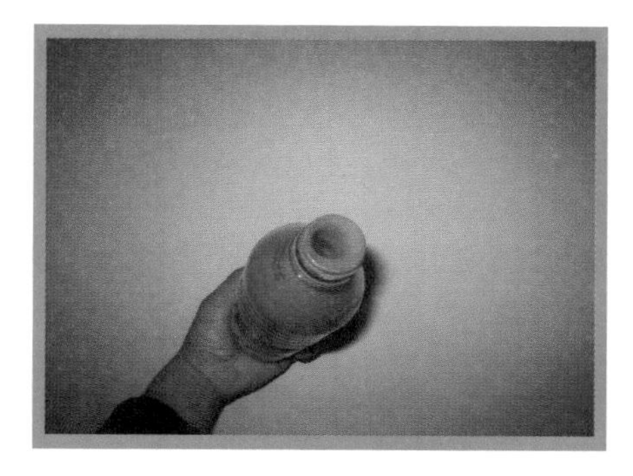

子，瓶口上还箍着已经瘪下来的气球。“气球与瓶子之间封闭了空气，气球要膨胀，必须要占据更多的空间，可周围封闭的空气无法给它空间，因此我们是吹不大气球的。”

小博拿过瓶子，“下面我来说一下，我为什么能吹起来，还能让开口的气球不撒气。实际上这个瓶子我预先钻了个小孔，开始时用透明胶带黏着，瓶子里的空气是密闭的，小斐吹不动气球。当我吹的时候，我把透明胶带揭去了，刚才密闭的空气有了出来的通道。随着气球的膨胀，瓶子里的空气就从小孔里跑掉了，让出了空间，因此气球就膨胀起来了。”

“我怎样做到让气球开口不撒气呢？气球胀起来后，我又用手指堵住小孔，然后松开气球口。这样，外面的空气无法进入瓶子，气球内部气压大，气球就保持膨胀状态，无法缩回去了。大家听明白了吗？”

“明白了，明白了！”大家觉得孩子表演得很精彩，频频点头。兄妹两个手牵手一起鞠躬下台去了，掌声又响起来。

唱戏的村民上了台，观众们欣赏地方戏。后台，小博和小斐还沉浸在演出成功的兴奋中。

时间不长，又该他们的小实验表演了。

他们几人把一张大桌子搬上台，在桌子的左边一半，用木条做了个框，框上粘了一张硬纸板，硬纸板上写着“小魔术”三个大字。桌子右边挂着一条布帘子。忽然照明灯灭了，卷卷走到台前，面带微笑：“各位乡亲父老，大家请看。”说着他把帘子拉下来。大家定睛看去，发现有半截红蜡烛在一个大玻璃杯里面燃烧。

卷卷：“我说这只神奇的蜡烛能在水里燃烧，你们信吗？不相信？好，我用大杯子向玻璃杯里面倒水。”大家看着玻璃杯里面的水面逐渐上升，浸到了火焰，继续倒水——水漫过了火焰，而火焰竟然没有灭！

实验三十四：水中燃烧的蜡烛

实验器材

大玻璃烧杯、平玻璃板、蜡烛、火柴、水、不透光的硬纸板

实验内容

把大玻璃杯放在桌子上，左前方点燃一支蜡烛。把玻璃板放在蜡烛与杯子中间，使燃烧的蜡烛成像在杯中。用硬纸板放在前面，把蜡烛挡住，使前面的观众只能看到蜡烛的像在杯子中燃烧。告诉观众，说你在杯中点燃了一支蜡烛。然后把水向杯子里倒，直到水面漫过了火焰，而火焰丝毫不受影响。于是给观众的感觉就是蜡烛在水中燃烧。

“咦？这水怎么没把火浇灭？这是怎么回事？”台下观众议论纷纷。

“你们想不想知道原因？现在我就来揭开谜底。”说着卷卷把写着“小魔术”的纸板拿了下来。大家看到了还有一支相同的蜡烛在燃烧。

“大家看，这杯子里面确实有半截蜡烛，却没有被点燃，是固定在杯子底下的，这个火焰，是左面这支蜡烛火焰在玻璃中成的像，点燃的蜡烛像与没点燃的蜡烛重合起来，就达到了这个效果。现在我把玻璃拿走，大家看

一看。”他把玻璃拿走，大家全明白了，杯子里的蜡烛在水里根本没有燃烧。

“各位，俗话说眼见为实，耳听为虚，也不尽对，眼见的不一定为实，眼睛会受骗的。我的表演结束，谢谢大家！”

灯光亮了，小璇和小博又搬上来一张桌子。

小博又表演了纸和乒乓球托水的两个小实验，虽然简单，也取得了很好的效果。小博又简单介绍了实验用到的大气压的知识。

实验三十五：纸片托水

实验器材

纸片、玻璃杯、水

实验内容

将玻璃杯装满水，用纸片轻轻盖住杯口，用手按着纸片迅速把杯子反转过来。把下面的手拿开，水并没有洒落下来，纸片把一杯水托住了。真的是纸片的力量把水托住的吗？是谁又托着纸片呢？加一个小动作：用手指轻轻向瓶口里面抠，在缝隙处，一串串气泡升起，现在你知道是谁在支持着纸片和水了吗？换一个乒乓球代替纸片堵住瓶口，试试效果如何。

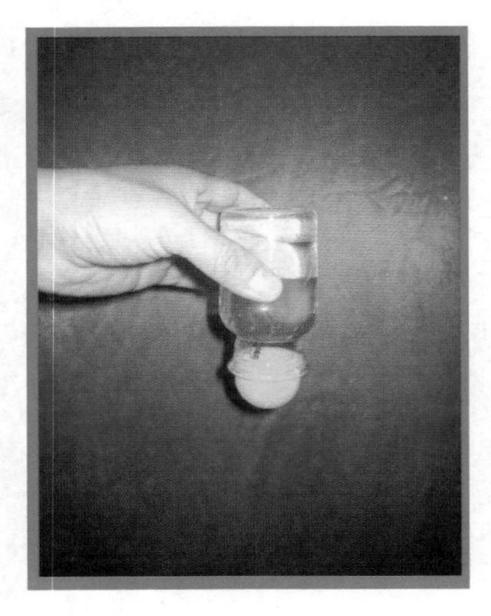

大家意犹未尽，李书记走上了台："村民们，卷卷和几个学生表演的科学小魔术好不好？"

"好，还有什么新鲜的？"

"今天晚上就准备了这些。每个魔术后面都有科学知识。人要是没有科学知识，就像走在漆黑的路上，走不快也容易摔倒。以后，大家都要多学习一些科学文化知识，有什么不明白的问题，就向曹老师和我们的娃娃请教。下面我们鼓掌对他们表示感谢！"

掌声响起来，卷卷带着三个孩子走上台来鞠躬谢幕，挥手致意。时间已经9点半了，除了几个老戏迷留下，其余的人都散了回家去。

卷卷他们走在回家的路上非常兴奋，他们度过了一个既紧张又难忘的夏日夜晚。月亮一直没有出来，天空中布满阴云，天显得有些闷热。

第八章

有趣又有用的压强

纳凉晚会表演之后，大家紧张的心放下了。第二天早上卷卷正想美美地睡个懒觉，无奈小博和小斐又早早来了。

三个孩子在院子里轻松地谈笑。童音伴着鸟鸣，树影在晨风里摇动，一切都那么美好。

卷卷一家用过早餐，讨论着昨天的晚会。正说着，刘小萌来了。

小博、小璇和小斐看见漂亮的小妹妹都非常高兴。

卷卷："今天我们就做几个有关大气压的实验，来了解一下大气压强。"

孩子们的兴趣立刻被提了上来，围着卷卷听他讲解下去。

卷卷："大气压是大气压强的简称。要想说明白大气压强，需要先了解什么是压强，要了解什么是压强，需要先了解什么是压力。"

"压力就是垂直压在物体表面上的力。比如我的手压桌面，这个压力的效果就是接触面的形变程度，我们用压强来表示。这个桌面有形变，也就是形状改变，但是看不出来，我去找一块海绵。"说完，卷卷进屋去找海绵，回来时还拿了一个玻璃杯。他把海绵放

在桌面上，把杯子放上去。你们看，这个杯子把海绵压得陷下去了一些。这就是形状改变。”

“压力的效果用压强来表示。压强，与什么有关呢？你们看我用力压一下这个杯子，陷得更深了，即压强大了。这说明压强的大小与压力的大小有关系。另外，你们看，我把杯子翻过来，让杯沿朝下，这样海绵受同样大小的力，但承受的面积小了。你们来观察一下，是不是比底朝下的时候深一些。”

孩子们趴在桌面上仔细观察。为了让他们看得清楚，卷卷不断反过来再翻回去比较。终于使他们确认，边沿朝下时海绵陷得深，也就是压强大。这说明压强还与受力面积的大小有关。

卷卷：“有了压强的知识我们就做下面的几个实验吧。”

实验三十六：铅笔上的压强

实验器材

削好的短铅笔

实验内容

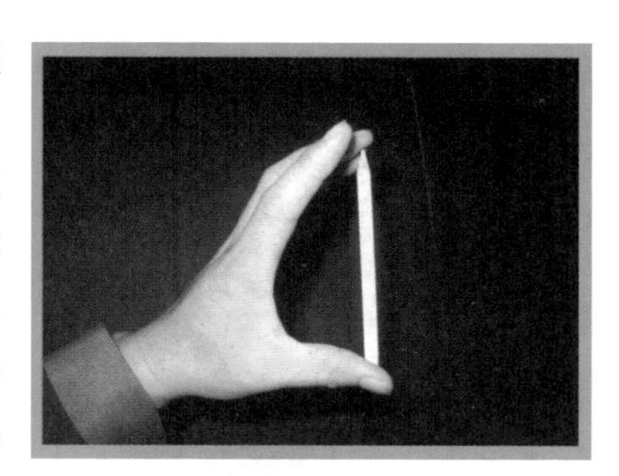

一只手拿起铅笔，把铅笔捏在拇指和中指之间，稍微用力，会感觉铅笔尖接触的手指感到疼，而另一个手指却没有任何疼痛的感觉。仔细观察一下，哪一端陷入手指更深一些。两个手指受到的压力是相同的，为什么会有不同的效果？

原理解析

两个手指受到铅笔压力相同，笔尖面积小，对手指的压强大，因此要疼一些。

卷卷又讲解道："固体可以产生压强，液体也可以，叫做液体压强，气体也可以产生压强，叫气体压强。我们周围到处是空气，空气产生的压强叫做大气压强，简称大气压。我们先做一个有关液体压强的实验。"

知识链接

$$压强=\frac{压力}{受力面积}$$，压强等于物体单位面积上受到的压力。

实验三十七：水流为什么不同

实验器材

矿泉水塑料瓶、钉子、水、水槽（或面盆）

实验内容

用钉子在空的矿泉水塑料瓶的侧面大约同一条直线上，离底面不同高度处打三个或四个孔，把瓶盖去掉。

在水槽中装上水，把空瓶子放在水槽中装满水，把瓶子从水槽中提起来（瓶口向上），会发现小孔中出现水流喷出，越靠下面的水流越急，喷的水平距离越远。换一个瓶子，在同一高度开三个口，在桌面选择一个中心放瓶子，重做这个实验，观察水的射程，你能得出什么结论？

原理解析

液体压强大小与液体的深度有关。越深的位置压强越大，同一深度压强相等。液体对容器的底和侧壁都有压强。因此本实验中，最下的小孔水流最急，喷射最远。

实验三十八：自制喷泉

实验器材

两个矿泉水塑料瓶、一根橡皮管、两个胶塞、两根短玻璃管或塑料管、钉子、夹子

实验内容

将两个塑料瓶去掉底，将瓶盖换成橡胶塞，用钉子在两个橡胶塞上各打一个孔，分别把两根短玻璃管插进去一点，外面露出来的管子用橡皮管套上连接好。将一个瓶子放在高处，一个放在低处，用夹子把橡皮管夹住，将高处的瓶子注满水，打开夹子，可以看到水从低处的瓶子里喷出形成了喷泉。

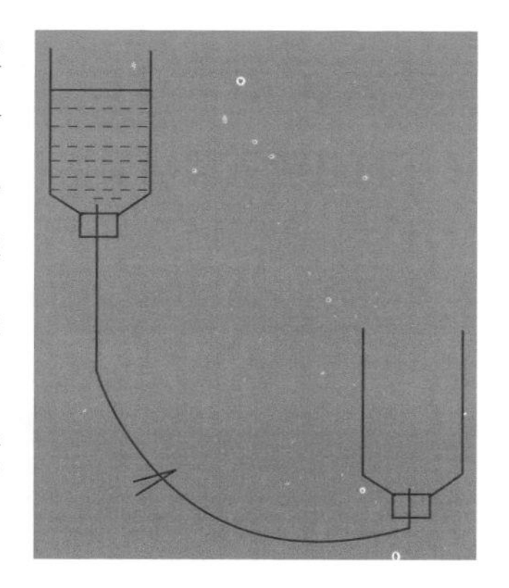

“你们知道是什么道理吗？”卷卷问道。“这是因为高处的水具有较大的压强，把水压到低处，而水在喷出时又有一个速度，因此形成喷泉。”卷卷接着说：“也可以这样解释，一旦把夹子拿开，两个瓶子的底就连通了，这样就组成一个连通器。连通器有一个特点，就是液体静止时，液面要保持相平。因此水会从高水位的瓶子不断向低水位的瓶子流动，于是形成了喷泉。”

“来看一下这个茶壶，”卷卷指着自己喝茶用的茶壶道。“壶嘴和壶身组成一个连通器，你们看这壶盖上有一个小孔，目的是保持两个容器都是开口的，这样壶身和壶嘴里的水面总是在同一个水平面。”卷卷把壶盖放在一旁，在壶里加上水，让孩子们观察。

卷卷：“千万不要小看这连通器，农村灌溉农田修的‘涵洞’

是连通器，城市里自来水系统是连通器，就连长江三峡大坝也造了巨大的人们称之为‘船闸’的连通器，用来解决航运的问题。”

“空气也像液体一样对它包围的物体产生压强，我们称之为大气压。大气压有很多有趣的小实验，接下来就做一个给你们看。”

实验三十九：自制连通器

实验器材

透明塑料管或玻璃管两根、橡皮软管一根、水

实验内容

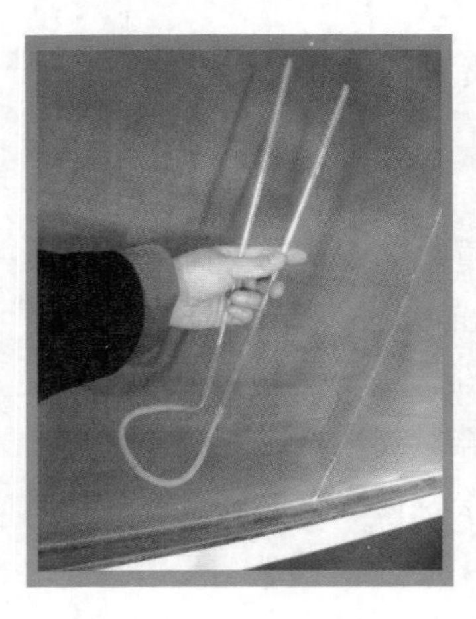

将两根塑料管分别插入橡皮软管，将两管竖起，从管的一端加入水至塑料管中可以看见水面。此时，一个简单的连通器就做成了。将一端举高或降低，观察两管中水面高低变化情况。可以发现静止时，两管水面总是保持相平。在黑板的不同位置画两条横线，如何判断它们是否在同一水平面上呢？如何借助于手中的自制连通器做出准确的判断？

卷卷：“这个能活动的连通器，可以用来检验两个位置是否在同一水平面，哪个点更高一些。”卷卷一手拿着两个玻璃管环顾四周。他走过去拿了一块硬纸板放在桌子上，找一支笔在不同位置各画了一条横线。

“这两条横线是否在同一水平面呢？下面我们用手中的连通器

来检测一下。”

他让小璇把硬纸板固定好，左手拿一段玻璃管靠近左边横线，调整右端玻璃管，使左端玻璃管中的水面与横线重合，同时右端玻璃管靠近另一条横线。因为两管中水面总是在同一水平面，这样很容易就比较出了两条横线哪条更高一些。

“我知道了！”小博忽然喊起来，“有次我到姨妈家，有工人在铺地面砖，他们拿着一根长塑料管子，里面装着水在墙上比划，我问他们干什么？他们说‘找平’，我也不懂什么叫‘找平’。现在知道了！”

卷卷：“小博举的这个例子很好，一根塑料管子装上水，就是连通器。连通器在生活中是很有用的。就连长江三峡大坝，也造了巨大的连通器用来解决航运的问题。”

此时，大家都很专注，要求老师讲一讲三峡大坝的连通器怎么用。

卷卷：“河上建的连通器叫做船闸，是为了方便船只经过大坝的。人们修建拦河大坝，把水拦起来水位就升高了，这是干什么用的？”

“发电呗。”

“对，拦起来利用水能发电，这就是水电站。另一个作用是调节下游的供水量。你们思考一个问题，水位有了巨大落差，发电很好，可船怎么通行？船没有翅膀，也不会跳跃，怎么办？”

“是啊，是个问题。”

“解决问题的‘神器’就是修建船闸，船闸的实质就是大的连通器。相关的原理你们可以看教材，这叫做‘先学后教’，这样既可以锻炼你们的学习能力，老师又省力。”孩子们看着船闸示意图和说明，学习它的工作过程和原理。

卷卷：“下面我就要说一

说大气压强了。你们看这个塑料瓶子，小璇，你从里面向外吸气，使劲吸。”

小璇跑过去用凉水冲了冲瓶口，含住瓶口使劲吸气，瓶子发出啪啪的响声很快瘪了下来。

卷卷：“你们想，为什么瓶子里的气少了瓶子就会瘪呢？”

“大气压的作用。”小博说。

“对，瓶中的气体少了，气压就减小了，而外面的大气压不变，大气压就像一只无形的大手把瓶子压瘪了。”

“好了，孩子们，现在这枚鸡蛋又要发挥它的作用了，我用它来做一个有趣的实验。”

实验四十：瓶吞鸡蛋

实验器材

集气瓶、煮熟的鸡蛋、火柴、纸片

实验内容

把鸡蛋剥了外壳，放在集气瓶口，发现鸡蛋被卡在瓶口。拿下鸡蛋，点燃纸片放入集气瓶，直至火焰熄灭，把鸡蛋重新放到瓶口，不一会儿，鸡蛋就会被一种看不见的力量压进瓶子。

原理解析

被鸡蛋封闭的热空气在温度下降后，气压变小，外面的大气压就把鸡蛋压进了瓶中。

看着瓶口上的鸡蛋一点点被挤入瓶中，大家发出一片惊呼。

卷卷："有一只无形的手把鸡蛋塞进瓶子，这只手是谁的呢？"

小璇："我知道，是大气压。"

卷卷："对。我们人类直到17世纪才知道周围存在大气压。当时，为了让更多的人知道大气压的存在，在德国的马德堡市举行了一次举世闻名的实验表演——马德堡半球实验。"

卷卷拿出了物理课本，翻到了这一部分，把书递给小璇，小璇读了起来：

"实验把两个直径30厘米的空心铜半球紧贴在一起，用抽气机抽出球内的空气，然后用两队马向相反的方向拉两个半球，连16匹马都不能把它们拉开……当马用尽了全力把两个半球拉开的时候，竟发出了很大的响声。市民们惊奇地问，是什么力量把它们压合的这么紧呢？'没有什么，是空气。'市长这样回答。如果把铜半球上的阀门拧开，空气经阀门流进球里，用手一拉，球就开了。这就是著名的马德堡半球实验。"

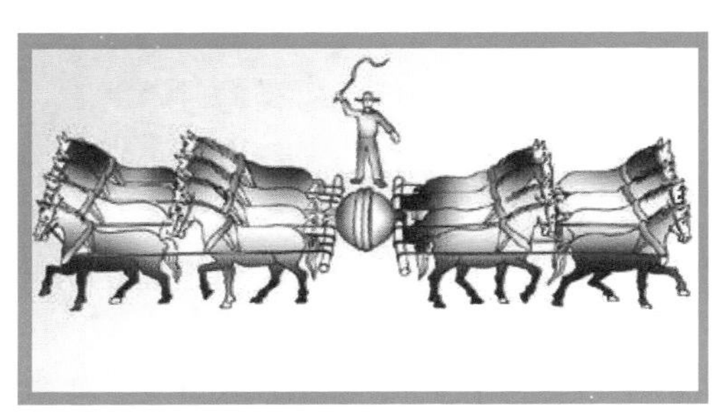

"大气压这么大呀！"大家啧啧称奇。

"这么大的气压怎么没有把我们压扁啊？"小博问道。

卷卷："这个问题很好。你们自己想一想答案吧？"

小璇："是长期适应的结果。"

卷卷点头："还有原因吗？"

"是不是我们身体里向外也有压强？"小斐轻轻地说。

"对，你们两个说的都有道理。一是人类长期适应了这样的环境，二是人的身体里有向外的压强，这样我们就不会被压扁了。"

实验四十一：亲密的玻璃

实验器材

两块大小相似玻璃、水

实验内容

把两块大小相似玻璃靠在一起，发现它们并不"团结"，彼此边缘很容易错离，但它们之间撒上一些水，发现玻璃紧紧贴在一起，用大力也很难分开。水又不是胶，怎么会把玻璃粘这么紧呢？

原理解析

原来这是因为水赶走了玻璃之间的空气，大气压把玻璃紧紧压在了一起。

卷卷："大气压影响着我们的生活，与我们的生活息息相关。如果没有大气压的帮忙，抽水机抽不上水，钢笔吸不进水，也没法用吸管喝到奶。"

知识链接

在玻璃的运输中，常常采用本实验中的方法，先把玻璃洒上水，使数块粘合在一起，然后装箱，这样可以更好地保护玻璃。

实验四十二：大试管吞小试管

实验器材

大小试管各一支，小试管口径比大试管略小（可以套在一起）、水

实验内容

1. 在大试管中装上水，管口向上。

2. 将小试管底端套进大试管一小部分，此过程有部分水从大试管流出。

3. 迅速把两个试管倒过来，松开拿小试管的手，此时两个试管口向下。随着水的流出，可以看到小试管不但没有下落反而向上走去，直到全部被大试管吞进去。

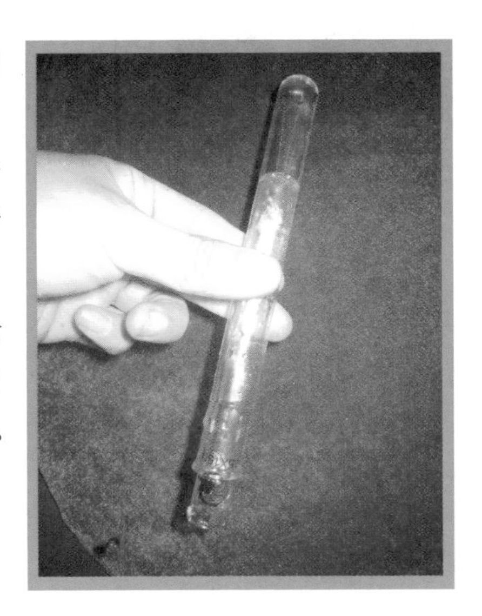

孩子们看了觉得十分奇怪：小试管怎么会自动上升呢？

卷卷解释：大气压把小试管压入了大试管。几个人兴致勃勃地反复做这个实验。刘小萌也做了，小手在清凉的水中特别舒服。

实验四十三：瓶中的水为什么吸不上来

实验器材

玻璃啤酒瓶、橡胶塞子、塑料吸管、钉子

实验内容

用钉子在橡胶塞子上打一个孔，把塑料吸管穿过去，在管的周围洒上水，使之紧密不透气。如果孔开大了，可以点燃蜡烛，滴上一些蜡密封。在瓶中装上水，用带管的塞子将瓶口塞紧，此时你再吸水，发现非常困难。

原理解析

平时我们吸水容易是因为水面上有大气压在帮忙。如果没有大气压帮忙，就如本实验，水是很难吸上来的。

大家都体验了一下，在卷卷的讲解下，大家也明白了用吸管吸水的真正道理。

小博：“我以前以为是我的吸力把奶吸进嘴里，原来是大气压帮忙，这真是一位隐身的朋友。”

实验四十四：失效的吸管

实验器材

塑料吸管、瓶装酸奶或杯子、水、剪刀

实验内容

准备两支吸管，在其中一根吸管上用剪刀剪开几个小口。分别用两根吸管吸杯中的水或瓶中的奶，发现一只吸管很好用，而另一只吸管却吸不上来。请思考一下，为什么管壁有洞，就吸不上液体呢?

原理解析

吸管吸液体主要是利用大气压。当把吸管一端插入液面以下，另一端用口含住时，管中封闭了一部分气体，当把这部分的气体吸入口中，这里的气压迅速减小，液面上的大气压就把液体压上来了。如果管壁有洞，这样在吸入气体时，外面气体可以从洞中进入，从而难以造成管内气压大幅减小，因此不能吸上液体。

卷卷把茶杯里的水喝干，对他们说："已经给你们讲了大气压，也做了很多小实验，现在考你们一个小问题：只用吸管，怎样从盆里取水放到瓶子里？"

卷卷刚说完，小博就迫不及待地说："我知道，我知道，有一种虹吸现象可以用。"

卷卷一笑："只用吸管，不能用到别的东西。"

"这怎么办？"小博把吸管放到眼前，"书上写的虹吸现象是用一根长的软管子，这么短的吸管怎么做？"

最后还是小璇找到了办法。

实验四十五：吸管取水

实验器材

直径约0.5 cm的塑料吸管、水、瓶子

实验内容

在瓶子里装满水，将吸管尖端插入水中，用指头将上管口堵住，把吸管从水中提起来，发现吸管中有很多水，水并没有流出，将吸管移到另一位置，将上面的手指松开，水流了出来。

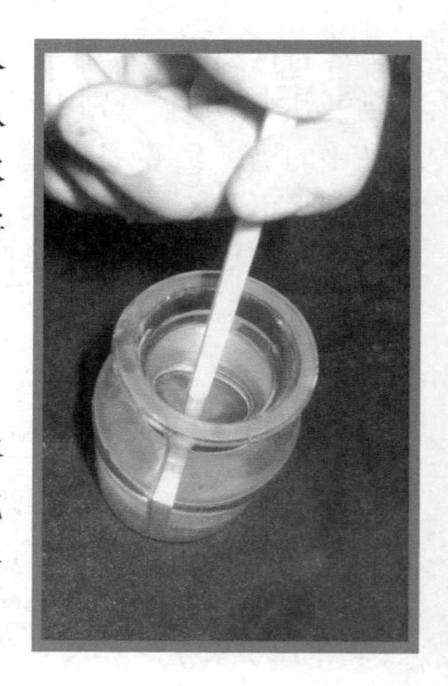

小璇解释："如果把上端封起来，将吸管提出水面时，由于大气压和液体表面张力的作用，吸管中存的水不会流下来，把它移到瓶口处，只要一松开手指头，水就会流下来。这样反复操作，不就把水移过来了吗？"

卷卷鼓掌："方法非常好，小璇讲得也很好！"

接着卷卷继续说："小博刚才提到虹吸现象，那种方法用吸管是不行的，需要一根长的软管，下面我们来做一下。"

实验四十六：虹吸现象

实验器材

两个容器、一根塑料管或橡皮管、水

实验内容

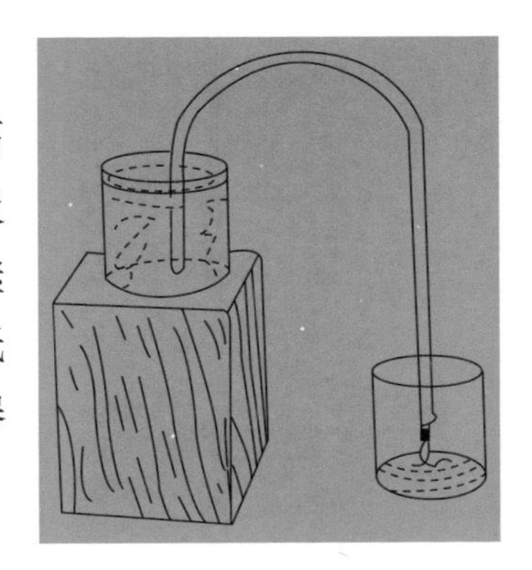

在一个容器里盛上水并放在高处，另一容器放在低处，把管子一端放入高处容器的水中，用嘴含住管子另一端吸一下，当水从管中上升到容器壁沿并继续下流，赶快松开嘴把管子端口放进低处容器，水就会源源不断从上面的容器流出来。

卷卷："在生活中，给鱼缸里的小鱼换水常用这个方法。它的道理可以从不同角度进行解释。我倾向于这一种：封闭容器中的液体可以把受到的压强向各个方向传递。虹吸现象中的这条管子，可以看作密闭容器，当上面管口受到的压强大，下端开口处受到的压强小并且一直保持着差值，那么水就会从上面管口源源不断地往下流。明白了吗？"

"不很明白。"

"不很明白不要紧，知道这种现象并且会用也不错。小博、小斐，你奶奶养鸡了吗？"

"当然了，给我们生蛋吃，每天能捡两个鸡蛋呢。"小斐回答。

"那好，我教你们来做一个给鸡自动喂水的装置，回家送给奶奶。"

实验四十七：自动喂水器

实验器材

瓶子、铁丝、水、盆、支架

实验内容

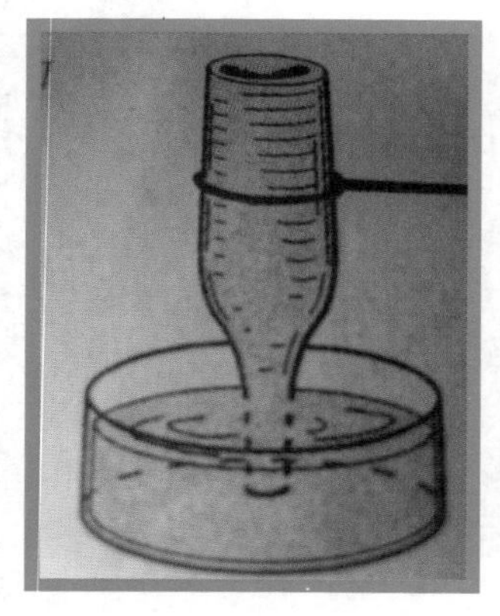

用铁丝做一个圈，可以把瓶子倒扣在上面，并能将瓶子在支架上固定；盆里装上一部分水，使瓶口能够接近水面。然后将瓶子装满水，迅速倒扣在圈上，这时观察瓶中的水，流出一部分后，盆里的水面上升把瓶口封住，水不再向下流。只要用杯子从盆里舀去一些水，瓶子中的水就会向外流，并很快停止。盆中的水随少随添，用它来给鸡鸭喂水很方便。

原理解析

瓶中的水虽然高出水面很多，但由于外面水面上有大气压强，因此并不能流出。

小博和小斐听完讲解后，拿着这个简单的装置高高兴兴地跑回家了。

悠长的夏日，卷卷的科学小实验给孩子们带来了许多知识，更带来了许多快乐的体验。

下午小博和小斐又来到卷卷家。

“老师，大气压的小实验都很有趣。我们把自动喂水装置给爷爷和奶奶，他们立即就用上了，可高兴呢！还有什么好玩的实验吗？”

“好玩的没有想起来，但是想起一件事。上午我们讨论大气压为什么没有把我们压扁，有一个很重要的原因就是人体内也有很大的压强。当时没有好的例证，现在我睡了个午觉想起来了，有一个例子就很能说明人体内也有很大的压强。”

“哪个例子？”三个同学都很高兴。

卷卷：“拔罐子。大人们腰酸背痛时，在一个罐子里点上火后扣在皮肤上，冷却下来后罐子就能紧紧吸住皮肤。”

小博：“对对，我爷爷经常拔罐子，现在爷爷背上还有一个个圆圆的印记，哈哈。”

卷卷拿一个玻璃罐头瓶开始讲解：点上火为的是使瓶子里的空气受热膨胀，使瓶子里的气体跑出来一些；扣在皮肤上，随着罐子的冷却，里面的气压减小，人体皮肤内的压强大，于是压着皮肤凸进罐口，这就是拔罐子的过程和原理，充分说明了人体内有很大的压强。

“我们明白了，这和瓶子吞鸡蛋的实验差不多，可惜我们没法拿爷爷的罐子来拔一下。”小博说。

“不行，这不能随便试，因为里面要点上火，这是个技术活，搞不好会烧伤皮肤。我们就不用实践了，但我们可以模拟一下。”说着，卷卷拿了一个气球，找了几个小玻璃酒杯，拿来了暖瓶。“下面我们给气球拔罐子，气球就如人体，酒杯就比作罐子，热水当火的作用。”

实验四十八：给气球拔罐子

实验器材

气球、小玻璃杯、热水

实验内容

把气球吹上气后，扎好口；在小玻璃杯中倒上热水，过十几秒，把热水倒掉；然后用杯口扣在气球上，过一段时间，就会发现玻璃杯被吸在了球体上；仔细观察，发现球皮凸进了杯口。

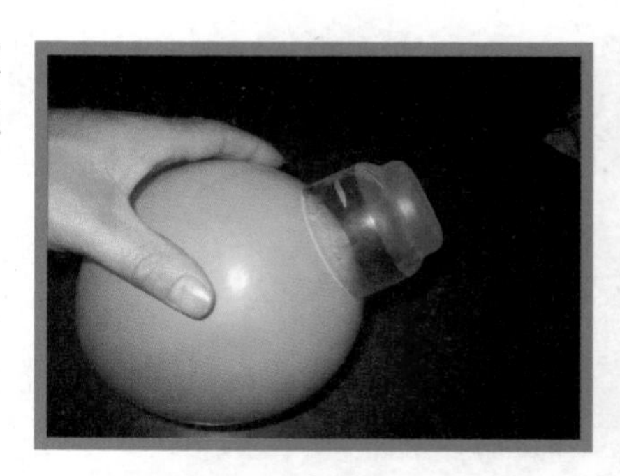

原理解析

这是因为杯子内空气温度降低，气压减小，气球内气压大，于是把球皮压进杯子。这与中医学上“拔火罐”的道理是一样的。

大家高兴地给气球“拔火罐”，对原理也更加清楚了，也知道了人体内有很大的压强。

第九章

流体压强的秘密

卷卷坐在树下的摇椅里，抬头望着树叶中露出的天空。蝉声入耳，他想起了李商隐的诗《蝉》，默默地吟咏：本以高难饱，徒劳恨费声。五更疏欲断，一树碧无情。薄宦梗犹泛，故园芜已平。烦君最相警，我亦举家清。清风时时拂过，他竟然迷迷糊糊地进入了梦乡。

不知过了多久，他被一阵风声惊醒，似有波涛声涌来。树摇枝撼，太阳已经藏进了云层。“变天了，孩子们怎么还没有回来？”他起身向门口走去。出了门口，就看见三个孩子迎面跑来。他们一边跑一边喊道：“要下雨了！”卷卷这才放了心。回家后，大家一起动手收拾院子里的东西，清理阴沟。蝉也停止了嘶鸣，有隐隐的雷声传来。

他们把书、衣服、板凳都收进了屋里。

小璇：“老爸，我们去打乒乓球了，在小学校那儿。”

“我从家里拿的乒乓球和拍子，我们正打着，变天了，我们无奈就跑回来了，没有去任何危险的地方。”小博说。

“很好，安全第一。我看你们的乒乓球。”卷卷拿过球看了看，“这样吧，我们来做一个小游戏。”屋里有些暗，卷卷开了电灯，到厨房里找了一个漏斗。他把乒乓球放进了漏斗开口处，问：

“谁能从下面把漏斗里的乒乓球吹出来？”

“乒乓球很轻，这还不容易吗？”小璇认为是小菜一碟。

卷卷：“先不要说大话，试一试再说。”

小璇把漏斗的细管含在口中，奋力向上一吹，可几个孩子希望看到的情景没有出现，球在里面抖了抖没有跑出来。“用力！”“加油！”小博和小斐替小璇使劲，可第二次仍没有成功。

卷卷：“告诉你们吧，不只你们不行，我也不行，因为流体压强的规律在起作用。”

“什么是流体压强，有什么规律？”大家觉得这个名字好奇怪。

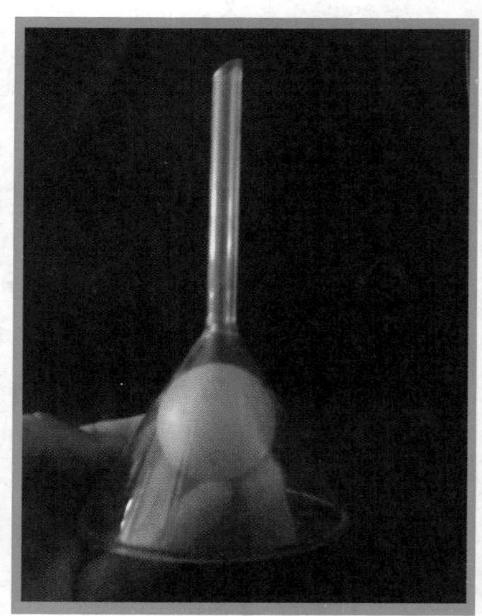

“莫急，再来吹一次，这次你们让漏斗的大口朝下，把球堵在管口，使劲往下吹气时，松开手，你们试一试球会不会落下来。”

气流的声音响着，可乒乓球居然像被吸住了，悬在里面不下落！小璇吹出的气流小了，球才落下来。小兄妹俩也都尝试了一下，结果都一样。

实验四十九：吹不出来的乒乓球

实验器材

乒乓球、漏斗（空的塑料矿泉水瓶从中间截开，用带瓶口的一端，在盖上打一个孔可以代替漏斗）

实验内容

把乒乓球放进漏斗，用嘴衔着细管用力向上吹气，乒乓球并没有被吹跑，只是在离开漏斗一点的地方抖动。使漏斗大口向下，把乒乓球塞到底部，用力向下吹气并松开手，发现乒乓球并没有掉落下来，而是被“吸”在漏斗里。

原理解析

流体（流动的物体如空气、水等）内部的压强规律是：流速快的位置压强小，流速慢的位置压强大。

空气流速大的地方气压小，流速小的地方气压大，大气的压力差使乒乓球向上不能被吹出，向下不容易落下。

实验五十：纸片向哪个方向飘

实验器材

两张纸片

实验内容

两手各捏纸片的一角，放在嘴唇处，这时纸片是向下垂的。沿着纸片吹气，发现纸片向上飘起。

双手各拿一张纸，两纸平行立在胸前，两纸的间距大约5厘米。这时，向两张纸中间吹气，发现两张纸片相互靠近。

“老师，我们知道了，这是因为流速大的地方压强小。”几人高兴地说。

小博：“老师，水也是流体，您用水来做一个实验吧！”

“好呀，小璇去拿一个盆来，盛上水。”卷卷一边吩咐小璇，一边把一张纸撕成了碎片。

实验五十一：碎纸为什么聚成一团

实验器材

圆盆、水、碎纸

实验内容

盆里盛上水，把碎纸放在水中浸透，使纸片沉在水下，用手向着一个方向不断搅动水，使水向着一个方向（顺时针或逆时针）不断旋转运动，然后停止搅动。随着水流渐渐停息，观察水中的碎纸有什么变化。

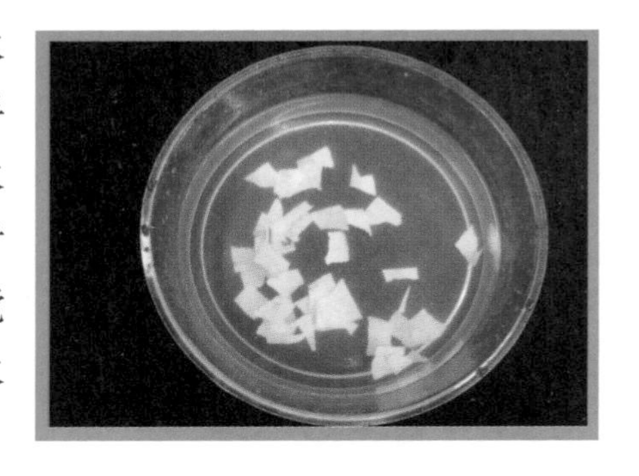

可以观察到，随着水流速度逐渐减小，原先散在水中的纸片随着水流逐渐向盆的中心聚集，最后聚成一团。

原理解析

盆中的水不再被搅动时，由于粘滞阻力的原因，水流速度会逐渐降低，但是周边速度降低快，中心处水流最后才停下来，这样造成中心部分水流速度快，边缘慢。由于流体压强的规律是流速大的位置压强小，因此碎纸片受到向内的压强，所以最后聚成一团。

“老师，我们明白其中的道理了！”孩子们把碎纸团打散，不断用手搅动，再等待水流停下来观察，玩得不亦乐乎。

实验五十二：爱冲澡的乒乓球

实验器材

洗脸盆、乒乓球、大铁壶、水

实验内容

在洗脸盆中装上半盆水，把乒乓球放到水面上；在大铁壶中装上水，对准乒乓球到水，仔细观察，乒乓球并没有被强劲的水流冲开，而是在水流中浮动，“不愿意”离开水流。

原理解析

这是因为流体中流动速度快的地方压强小，乒乓球在水流中，周围对它的压强相对来说比较大，它无法离开水流。

卷卷：“你们玩过硬币跳高的游戏吗？”

“什么？硬币跳高，没玩过，怎么玩？”

卷卷：“好，下面我就给你们做个小游戏。”

实验五十三：硬币跳高

实验器材

一枚一角硬币

实验内容

把硬币放在水平桌面上，观察哪个面向上。用力向前猛地吹硬币上方，发现硬币跳起来了；如果在前面不远处放一本书，还可能硬币跳上书本。

原理解析

道理是这样的：吹气加快了硬币上面空气的流动速度，压强减小了，硬币下面有气压并且比较大，于是使硬币跳了起来。

天又重新放晴了，强烈的阳光洒在小院里，风也停息了。

卷卷："如果把纸做成一个喇叭口，用它来吹蜡烛的火焰，效果会怎样？"

"应该更好，它减少了气流的分散。"小璇回答。

"好，我们来试一下。"

卷卷找出一小块蜡烛，点燃了。小璇找了几张纸卷成了一个喇叭状，用透明胶带粘了一下。

卷卷说："让火焰在喇叭口的中心，你们吹，大家观察火焰向哪个方向倾斜。"

实验五十四：吹不灭的烛焰

实验器材

蜡烛、火柴、硬纸、双面胶、剪刀

实验内容

把硬纸圈起来做成一个漏斗，用双面胶固定好。用剪刀把漏斗底部开一个口，不要太大。点燃一支蜡烛，把漏斗大口对准火焰，并使火焰恰好在大口的中心，用嘴含住小口处，用力向火焰吹气。任你怎么用力，火焰也没被吹灭；在周围的人会发现，火焰不但没有被吹灭，而且火焰还会向漏斗靠近。

原理解析

原来，流体都有沿着物体表面流动的特点，当向里吹气时，气体沿着漏斗边沿流动，使流速增快，压强减小，因此中心处的气压大，气流会使火焰向漏斗里面靠近。

卷卷说："你们知道吗，刚才我们在屋里，窗外刮过一阵大风，窗户砰的一声关上了，知道是谁关上的吗？"

"是流体压强。当刮风时，空气流速加快，而屋内压强相对较大，于是内外压强作用在窗户上产生压力差，所以自动关上了。"小博大声说。

卷卷："好，小博解释得非常好。"

大家来到石桌旁，用抹布擦去灰尘和落叶。

卷卷："你们知道龙卷风吗？"

小璇："我知道，龙卷风经常在美国发生，破坏力很强。"

卷卷："为什么龙卷风常常把很多东西吸进去，原因就是流体压强规律。当龙卷风经过时，最好把房子所有的窗户打开，使内外压强尽量平衡。”

小博：“这个流体压强会给人们带来危害，不好。”

卷卷：“不能这么说，规律就是规律，掌握并利用它，就可以为人类服务。你们坐过飞机吗？你们知道飞机为什么能在天上飞吗？”

“因为它有翅膀。”

“可飞机的翅膀与小鸟的翅膀不一样呀，小鸟可以扇动翅膀，飞机的翅膀能扇动吗？”

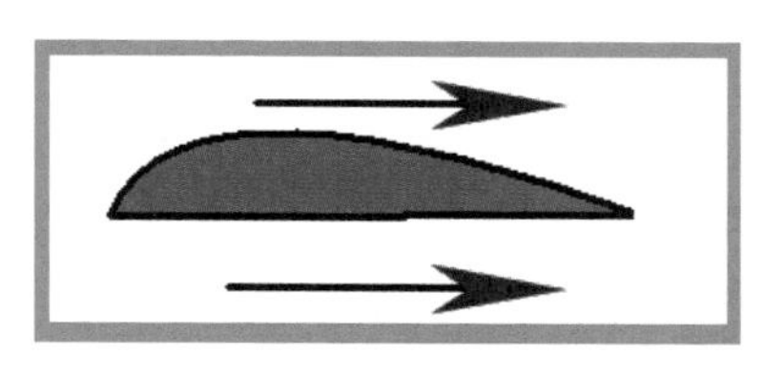

“好像不能，那么重的飞机是怎么飞上天的呢？”

“飞机就是利用流体压强规律才飞上天的，你们来看，”说着卷卷拿笔在纸上画出机翼的图形，“上面凸起是个曲面，下面是平的。当飞机快速向前运动时，气流同时从机翼的上表面和下表面运动到尾端，上面的气流在相同的时间内运动的路程多，速度大；下面的气流运动的路程短，速度小。根据流体压强规律，上表面压强小，下表面压强大，产生压力差，这个就为飞机的升空提供了升力。明白了吗？”

小博：“明白了，看来学好了任何知识，理解了就可以应用啊。”

卷卷：“是啊，学了东西能应用才是最重要的能力。

实验五十五：喷雾器工作原理

实验器材

一跟吸管、剪刀、水杯、水

实验内容

把吸管一剪为二，把第一截插入装满水的杯子，另一截的端口水平放到第一截的上端口处。靠近后，用嘴含着第二截的另一端口向前使劲吹气，会发现水被从第一截管子吸了上来并向前喷射出去。

卷卷：“你们没有坐过火车吗？”

小博：“我爸爸说，等他回来带我们去青岛，那时就能坐火车了。”

卷卷：“好啊，等你们坐火车的时候一定要注意，在车站里，火车铁轨附近画有一条警戒线，千万不要到里面。因为火车的速度很快，带动气流流速很快，这样火车一侧的压强会减小，外面的压强大，那就会有一个力把你推向水平，会出危险。”

“知道了，今天收获可真不少呢。”

卷卷看了看天色说道：“今天已经很晚了，我们明天继续做实验吧。”

第十章

浮力

这天早晨，孩子们又像往常一样聚在小石桌旁学习。小萌带的鸡蛋一不小心滚落到地上，他赶紧拿了水瓢，舀了一瓢水，把鸡蛋放进去洗。

卷卷看到了说道：“小萌，拿过来我看一下。”小萌端过水瓢，只见鸡蛋沉在水底。

卷卷：“孩子们过来看，这鸡蛋是沉在水底的，我们用什么办法能使它浮到水面上来？”

“是不是转一下水就可以？”小璇把手放进去搅动水旋转，可鸡蛋并不上浮。

大家都没有想出办法。

卷卷：“小璇，去厨房把盐拿来。”于是卷卷老师的小实验又开始了。

实验五十六：鸡蛋为什么浮上来了

实验器材

玻璃杯、鸡蛋、水、食盐

实验内容

在玻璃杯中盛上清水，把鸡蛋轻轻放入杯中，此时鸡蛋沉在杯底。逐渐在清水中撒入食盐，随着水中盐分的增多，鸡蛋慢慢浮了上来。

原理解析

根据阿基米德原理：$F_{浮}=G_{排}$，即物体所受浮力的大小等于它排开的液体所受到的重力。当液体密度增大时，$G_{排}$增大，因而$F_{浮}$增大，当浮力大于鸡蛋的重力时，鸡蛋便浮上来了。

卷卷：“放上盐，盐水的密度大。根据阿基米德原理，排开盐水要比排开同体积的水的浮力大，大于鸡蛋所受到的重力，于是鸡蛋就漂浮上来了。”

小博：“老师，什么是阿基米德原理呀？阿基米德是个人名吗？”

“我知道，我知道，”小萌连忙说，“我的故事书里有这个人的故事。他有一次去洗澡，想出了辨别真假王冠的办法。”

卷卷：“小萌说的很好，正是阿基米德发现了浮力的大小与什么因素有关，应该怎么计算浮力。他是一位伟大的科学家。”

小璇问：“他探究出浮力与哪些因素有关呢？”

卷卷：“阿基米德告诉我们，浮力的大小等于物体排开的液体的重力。比如这个鸡蛋，它排开鸡蛋那么大体积的水，那些水的重就等于它受到的浮力，方向是竖直向上的。当这个浮力小于它受到的重力时，它就下沉，直到沉到底部。我把盐加入水中，液体逐渐变为盐水，盐水的密度比水大，因此当它排开相同体积的盐水的重大于鸡蛋的重时，鸡蛋就会上浮，直到漂在液面。”

小璇问：“要是等于呢？”

“如果恰巧浮力等于重力，那鸡蛋将会悬浮，即不上升也不下沉，可以悬在液体水中的任意位置。这样吧，下面我用这个杯子来演示一下物体在水中的几种情形。”

知识链接

死海不死之谜：即使你是一个标准的“旱鸭子”，也可以放心的到死海里游泳，你是不会沉下去的。这是因为死海水中含有大量的盐分和矿物质，使海水的密度大为增加，因此产生的浮力特别大，因而死海中你是淹不死的。

实验五十七：玻璃杯的浮沉

实验器材

玻璃杯、水、盆

实验内容

在盆中盛满水，水深高度要大于杯子的高度。把玻璃杯装满水放进去，此时杯子下沉；把杯子拿出来，倒出水，让杯子口朝下按入水中，稍微歪斜会有气泡出来，同时有部分水进入杯子，此时松开手，发现杯子漂浮在水面上，杯子里面被封闭了一部分气体。如果有耐心，把杯子压入水中慢慢调节里面空气的数量，可以使杯子在短时间内处于悬浮状态。

原理解析

物体的浮沉条件：由于物体在水中受到两个力的作用，一个是向上的浮力，一个是向下的重力，因此杯子的沉浮决定于这两个力的大小。如果重力大，则下沉；如果浮力大，则上浮；如果相等，则悬浮。本实验就是用不断调整浮力的大小来实现其浮沉的。

“液体为什么会产生浮力呢？”大家都在高兴地玩水，喜欢思考的小斐提出了疑问。

卷卷：“这个浮力产生的原因，是与液体的压强有关的。以前跟你们说过，液体内部向各个方向都有压强，作用在物体表面就会产生压力，而且液体的压强是越深压强越大，因此一个浸在液体里的物体，受到的下表面的压力大，上表面的压力小，因此就产生了压力差，这个压力差就是浮力的本质。”

“这个浮力产生的原因，我们还是不太明白，您能用一个实验来给我们讲一讲吗？”小斐问。

卷卷：“可以啊，你们给我找两个乒乓球，我来演示给你们看。”

实验五十八：水中不上浮的乒乓球

实验器材

塑料矿泉水瓶子一个（底部剪去）、颜色不同的乒乓球2个、水、烧杯

实验内容

1. 将矿泉水瓶的瓶盖拧下，把两个颜色不同的乒乓球放入，将瓶子倒立。

2. 水从上面瓶底处倒入，可以观察到其中一个上浮，另一个在瓶口处不上浮。

3. 用另一只手掌把瓶口堵住，观察到另一个球也浮了上来。

原理解析

如果球下部没有水的压力，或者压力小于上部的压力，不能产生浮力。浮力产生的原因：液体对浸入的物体上下表面产生的压力差。

小博：“老师，这个实验很好，一下就使我明白了浮力的本质。但我还有一个问题，潜水艇为什么能自由的上浮和下潜，而且还可以悬浮在水中呢？”

卷卷："潜水艇里面有一个大水舱，如果想潜下去，就打开阀门，让海水进入水舱，这样自己的重力增大了，当增大到一定程度，重力大于浮力时，潜水艇就下潜了。如果想上浮，就用高压的气体把水舱里的水压出来，这样体重就减轻了，当浮力大于重力时它就上浮了。如果使体重与浮力一样大，那它就可以悬浮在水中任何一个地方了。"

"我们明白了，潜水艇不是靠改变浮力大小，而是靠改变自身的重力来实现上浮和下潜的。"小旋说。

"对，你总结得很到位。"

实验五十九：水中跳舞的小人

实验器材

塑料瓶、胶头滴管、水

实验内容

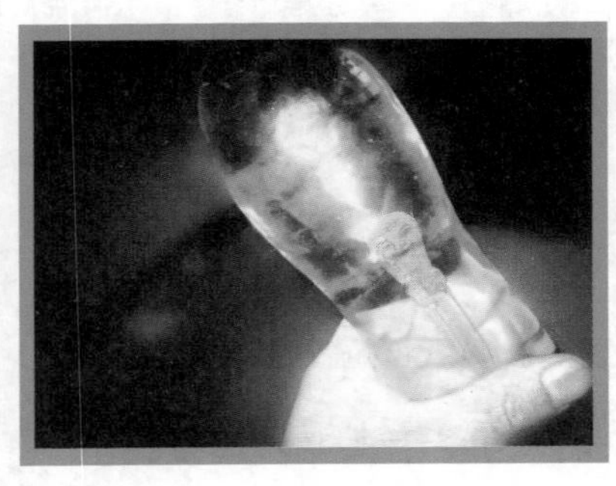

在胶头滴管的胶头上画出小人的面部。用胶头滴管吸进大约一半水，放入装满水的瓶中，使滴管能够漂浮在瓶子的上部。把塑料瓶的盖子拧紧。用手按瓶子，小人在水中下落；松开手，小人上升。不断重复，小人在水中蹦跳起舞。这是为什么？

原理解析

通过挤按，把水压进滴管，滴管变重下落；松开手，滴管里的压缩气体把水排出一部分，滴管重量变轻于是上升。

第十一章

沸腾和蒸发

又是晴朗的一天，小萌穿得漂漂亮亮背着书包到卷卷家来了。

卷卷和小萌打招呼：“今天背着书包来了，真好，很爱学习呀。”

小萌说：“书包里有作业，也有故事书。”

小璇出来了，看见小萌便和她热情地打招呼。

这时，小博和小斐也来了，院子里顿时热闹起来。几个人先做作业，卷卷坐在一旁的椅子上，随便地翻着自己喜欢的书。他忽然想到了什么，便起身拿了集气瓶、橡胶塞、玻璃管开始组装，然后把水装进瓶子。

小博看到了问道：“老师，您又要做小实验吗？”

卷卷：“是啊，上次跟你们说了大气压强，但没有讲大气压在地球上是变化的。它在地球上的分布规律是海拔越高气压越小；越靠近地面大气压越大，而且在阴天和晴天时也会发生变化，因此大气压数值的变化是天气预报的一项重要参考数据。”

小斐好奇地问：“那您要做什么实验呢？”

“我想尝试做一个简单的水气压计。”

实验六十：制作水气压计

实验器材

透明的硬塑料管、带橡胶塞玻璃瓶、水、铁钉、笔

实验内容

在瓶子中装半瓶水，盖上橡胶塞；用铁钉在中间打一个孔，把硬塑料管插进去并到水面下。用嘴向管中吹气，松开嘴，会发现塑料管中上升了一部分水。把这个装置拿到一楼，用笔记下水柱所到的位置，然后拿着装置上到六楼或更高；或者拿着装置从山下走到山上，观察水柱的高度变化情况。可以拿一把刻度尺测量水柱的变化情况。

卷卷：“我们知道液体都有沸点，大气压还影响着液体的沸点，下面做一个有趣的实验，大家认真观察，想想其中的道理。”

实验六十一：冷水使水沸腾

实验器材

烧瓶、胶塞、热开水、冷水、水杯

实验内容

把刚烧好的开水倒入烧瓶，倒入大约一半水；用橡胶塞塞好瓶口，将其倾斜；用水杯舀冷水浇在瓶上部空的部分。可以看到本来已经不沸腾的热水又沸腾了，有大量气泡产生。

"哇，这一倒冷水，热水反而会沸腾，真有点不可思议。"小博说道。

卷卷："这是因为冷水浇在热水上面的水蒸气空间，温度降低，使上面的气压减小，于是沸点也降低了。打个比方，原来100摄氏度沸腾，气压降低后，85摄氏度就能沸腾，水温已经超过沸点，于是又开始沸腾了。"

"我们知道了：气压降低，沸点降低。"小斐忙说。

卷卷："小斐说得对。人们发现，在高山上用普通的锅煮鸡蛋，总也煮不熟。"

"那是为什么，煮得时间长一些也不行吗？"小斐问道。

卷卷："也不行，因为液体沸腾以后，温度就不再上升了，保持在沸点，因此沸点就决定了液体的最高温度。"

"开了锅，不就能煮熟鸡蛋吗？"小博问。

卷卷："这是一个误解。煮鸡蛋我们需要的不是气泡，需要的是水的温度，只有水温高，给鸡蛋加热一段时间，鸡蛋才能熟；比如鸡蛋在100℃的水中，5分钟就熟了，如果到了高山上，由于气压低，水在70多摄氏度就沸腾了，然后就一直保持70多摄氏度，所以鸡蛋煮半小时也不会熟。"

刘小萌问："那怎么办呀？"

"使用高压锅呗。"小璇脱口而出。

卷卷："小璇的办法是正确的，你能给小妹妹解释一下原因吗？"

"好吧，各位弟弟妹妹。你看高压锅吧，肯定可以产生高压，根据刚才老爸讲的规律，气压越高，沸点越高，沸点高了，水的温度也就高了，水的温度高了，那就能煮熟鸡蛋了，对不对？”

卷卷鼓掌：“小璇讲得非常好，你们听明白了吗？”

“明白了！”几人齐声说。

几个人走进厨房，卷卷指着锅里沸腾的水给他们讲解沸腾现象。大家看到锅里的水在滚动，有大量气泡产生。

“这就是沸腾现象。液体变成气体的现象叫做汽化，沸腾就是液体汽化的一种重要方式。你们说它现在的温度还在升高吗？”

“不会了。可是火一直在烧它呀，那些热跑到哪里去了？”小斐问。

“火给水的热量用来将水变成水蒸气，因此沸腾是要吸热的。汽化的另一种方式蒸发也要吸热，由于大量热被吸走了，于是温度保持不变。做饭时水烧开了把火调小一点，可以节省燃料。”

小博看着沸腾的水：“老师，水的温度真的不变吗？”

卷卷看他一眼说：“好，有质疑精神，我拿一个温度计，我们来测一测，你就会相信了。”

经过试验，大家确认液体沸腾时温度不变。

卷卷：“孩子们，液体沸腾需要两个条件：一是温度达到沸点，二是要不断吸热。如果达到了沸点，不能继续吸热，液体也不能沸腾。我们来观察一下。”说着，卷卷拿起铝制水瓢，从沸水中舀了半瓢水，但瓢仍在开水中。“你们看锅里的水在继续沸腾，但这个瓢里的水沸腾吗？

知识链接

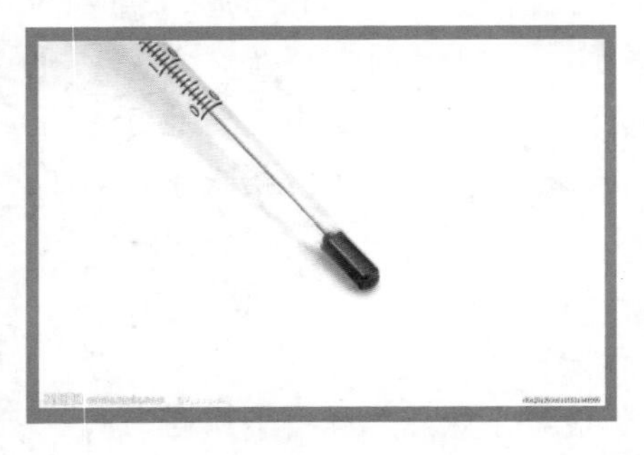

温度计的使用方法：

1. 玻璃泡要全部浸在液体中，不要碰到容器的底和侧壁。（原因一，底和侧壁温度受环境影响大；原因二，玻璃泡玻璃薄，容易碰碎。）

2. 不能立即读数，要等到示数稳定后再读数，而且不能把温度计从所测液体中取出来读数。

3. 读数时，视线要与温度计中测温液体的上表面相平。

实验六十二：瓢里的水为什么不沸腾

实验器材

做饭的锅、燃气灶、水、金属水瓢

实验内容

在锅里盛上半锅水，放在灶上，打开灶火加热，过一段时间，发现锅里的水沸腾了。用瓢舀起半瓢水，发现瓢里的水立即停止了沸腾。把盛了水的瓢继续留在锅中，只要瓢里的水不和锅里的水相混，你会发现无论锅里的水怎么沸腾，瓢中的水就是不沸腾，加大火也无济于事。这是为什么？

原理解析

水的沸腾需要两个条件：一是达到沸腾的温度；二是继续吸热。本实验中，瓢里的水已经达到了沸点温度，但由于下面锅里的水也是沸点温度，温度相同不能有效产生热传递，因此瓢里的水只能保持在沸点温度但不能出现沸腾现象。

“老师太热了，我们出去吧？”小萌说。

大夏天的，这一群人围在火炉旁做实验，已经浑身冒汗了。卷卷关了火，赶快撤出了厨房，跑到了院子里。

“真凉快啊！”大家一回到院子感到浑身舒畅。小风一吹来，真爽快。

卷卷：“你们知道为什么出了汗，风一吹更凉爽吗？”

“汗水蒸发吸热。”小璇回答。

卷卷：“对，但是答对了一半。蒸发和沸腾都是汽化的形式，不过蒸发没有沸腾那么剧烈。下面我们用温度计来做一个小实验。”

实验六十三：温度计为什么先升后降

实验器材

普通温度计或寒暑表温度计、酒精、棉球

实验内容

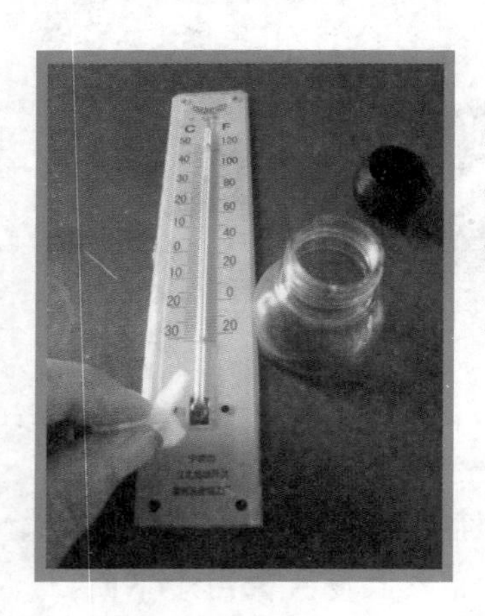

拿起温度计读出温度，将棉球蘸上酒精，用棉球包住温度计的玻璃，观察温度计的示数，发现温度不断下降，当棉球的酒精蒸发完的时候，温度又开始升高，一直回到原来的温度。

原理解析

这是因为酒精蒸发从玻璃泡液体中吸热，液体降温收缩；当酒精蒸发完以后，液体再从周围的空气中吸热，体积增大，于是恢复到原来的温度。

“对啊，蒸发吸热，可您为什么说我答对了一半？”小璇问。

“因为你没有答出为什么风一吹更凉爽。”

“我觉得，风一吹，蒸发就更快，吸热也更快，那样更凉快。”

“这样回答就完全正确了。下面我们做实验来探究哪些因素影响蒸发的快慢。”

实验六十四：影响蒸发快慢的因素

实验器材

玻璃两块、水、风扇

实验内容

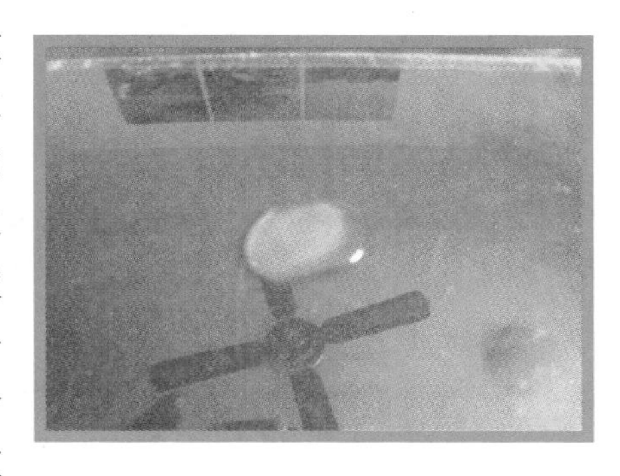

分别在两块玻璃上滴相同数量的水，将其中一块玻璃上的水用手轻轻抹开，使水的面积加大，过一段时间，发现抹开的水先被蒸发掉了；将同样的两块玻璃上的水，一块放在阳光下，一块放在无阳光的地方，观察哪个蒸发得快（或者将其中一块放在暖气片上加热）；一块放在风扇前吹，一块放在风扇吹不到的地方，观察哪一块玻璃上的水蒸发得快。

原理解析

实验表明，温度、液体表面积、液体表面上空气流动速度都能影响蒸发的快慢。温度越高，表面积越大，液体表面空气的流动速度越快，蒸发越快。

实验六十五：塑料袋为什么膨胀

实验器材

密封良好的塑料袋、酒精（或高度酒）、热水

实验过程

将一些酒精倒入塑料袋，挤出空气，把袋口扎紧，放入热水中，会发现塑料袋很快膨胀起来。

原理解析

原因是袋中的酒精很容易蒸发，经热水加温，蒸发加快，于是酒精蒸汽把袋子充满了。本实验也可用气球代替塑料袋，效果一样明显。

卷卷："如果想判断现在的微风是从哪个方向刮过来的，可以用湿的手臂来感受。"说着，他把裸露的小臂在水中浸一下，向上举起。

"感觉哪个方向更凉爽一些，那么风就是从哪个方向吹来的。谁知道这是为什么？"

小璇："我知道，这是因为空气的流动就是风，风加速了手臂上水的蒸发，而蒸发需要从皮肤上吸热；吸热快，则感觉更凉爽。因此知道风从哪个方向吹来。"

卷卷："回答非常好。你们晾过湿衣服吗？知道晾衣服的时候为什么要把衣服展开，晾在阳光能晒到的地方，而且最好是通风的地方？"

几个人经过讨论，很快找到了答案：放在阳光下，是为了提高温度；展开是为了增大液体的表面积；放在通风的地方，为的是增大液体表面上空气的流动速度。这些措施都可以使蒸发加快，衣服可以快些晒干。

第十二章

对流与传导

小璇妈妈见大家满头大汗，笑着说：“大热天的，你们又钻厨房又烧热水，快给孩子们倒水喝吧。”

卷卷：“好，我去拿玻璃杯。”

几个玻璃杯放在孩子们面前，卷卷提着暖水瓶倒上热水。

“水是热的，小心烫着。你们来个比赛，看谁能让水的温度降得最快先喝上水，谁就胜利了。”

“好，我们比赛。”几个孩子来了精神。有的用嘴吹，有的去拿碗倒一倒，有的要把热水放到水瓢里。

小璇：“我有好主意。”说完跑进屋去，打开冰箱拿出了很多冰块，放到自己的杯子里。

小萌见了说：“我也要冰块，给我放上一些吧？”

小璇把剩下的冰块放进小萌的杯子里。冰块浮在水面上迅速融化。

小博提出一个问题：“用筷子把冰块按到杯底，是不是降温效果更好呢？”

卷卷：“小博提的问题很好。大家喝完水我们做试验来验证一下。”

几个人答应着，果然是小璇先把水喝完，然后是小博小斐。小萌放的冰块少，也最怕烫，因此在最后。

试验六十六：冰块降温比赛

实验器材

两个相同的玻璃杯、热水、冰块、筷子、2支温度计

实验内容

两个杯子分别倒入相同质量的热水，其中一个杯子放上冰块，可以发现冰块漂浮在水面上；另一个杯子也放上大小相同的冰块，但用筷子将其压到水底。过一段时间，用两只温度计分别测量水温，发现冰块在上面漂浮的降温效果好，水温更低一些。

卷卷：“这是因为，冷水密度大向下沉，热水密度小向上升，形成了对流，使降温加速。”

小博：“老师，是不是说形成了对流液体的温度就会改变得快一些。”

卷卷：“是呀，热传递有三种形式：传导、对流和辐射。水本来是热的不良导体，也就是说水本身不善于传导热，但是它一旦形成对流，传热就很快了。”

“水不善于传热吗？”小斐问。

卷卷：“我们下面做一个有趣的小实验来说明这个问题。”

实验六十七：开水煮不死小鱼

实验器材

大试管、小鱼、水、蜡烛（酒精灯）、火柴、铁架台

实验内容

把大试管固定在铁架台上并使试管倾斜，把小鱼放入试管，使水接近试管口，点燃蜡烛（酒精灯），烧试管口下有水的位置，直到把水烧开，发现下面的小鱼竟然安然无恙。

卷卷："假如烧的是大试管的底部，小鱼还能安然无恙吗？这个实验又说明什么问题？"

"说明水不善于传热。"小璇说。

卷卷："我觉得这种说法不够准确，应该说水不善于以传导的形式传热；但是水很容易形成对流，从这个角度说，水又很善于传热。在冬天，暖气系统为什么要用水来作送热的物质，其中一个原因就是水可以形成对流。当然最主要的原因是水的比热容很大。"

"老师，什么是比热容？"小博问。

卷卷："这个简单地说就是水吸热和放热能力强。将来你们还要详细学习这个概念，在这里我们先不讨论。"

"老师，您来讲一讲传热的另外两种方式传导和辐射吧。"小博求知欲很强，不断问问题。

"传导嘛，很简单，下面我做几个有趣的小实验。"

实验六十八：铜圈灭火

实验器材

铜丝（粗一点，也可以用铝丝代替）、蜡烛、火柴

实验内容

把铜丝绕成螺旋，向上弯圈逐渐缩小成锥形，铜丝留出两条直线。点燃蜡烛并固定在桌子上，手拿铜丝直线端，把锥形螺旋盖在火焰上，可以发现火焰明显变小，甚至可能熄灭。

实验六十九：割断火焰

实验器材

蜡烛、火柴、钳子、金属网（铜丝效果更好）

实验内容

点燃蜡烛，用钳子夹起金属网从火焰的中间伸过去，会发现火焰的上半部分被割去了。让其他人帮忙，划一根火柴，在应该有火苗的地方点一下，会看到被割去的火焰又回来了。

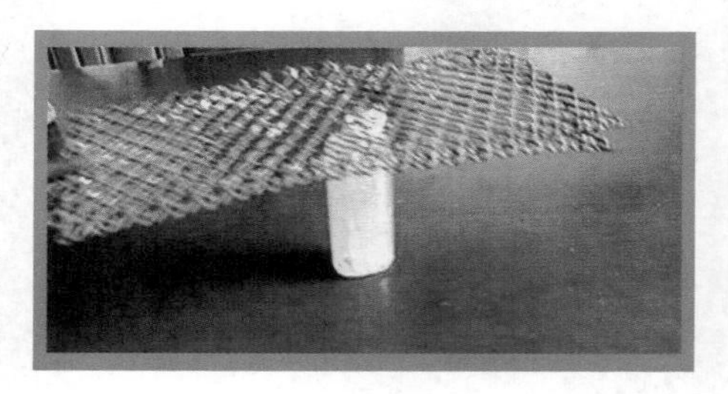

大家都瞪大了眼睛看着实验现象。

小斐："真神奇，这是为什么？"

卷卷吹灭了蜡烛，说道："铜圈灭火，是因为铜传导热的本领很强，铜圈靠近火焰，迅速把热传走，温度下降到了蜡烛的着火点以下，于是火灭了。金属网割断火焰道理相同：金属丝把很多热传导走了，网上面的蜡蒸汽就熄灭了。这两个实验，说明金属是热的良导体，它们传热的方式就是传导。"

实验七十：烧不起来的纸

实验器材

纸条、粗铜丝、火柴

实验内容

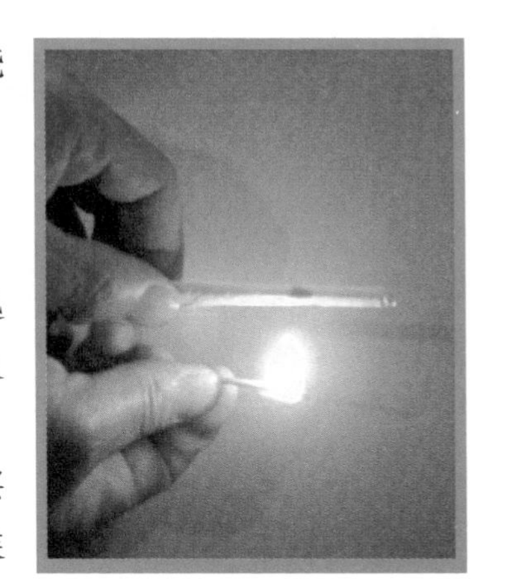

一张纸条用火去点，发现很容易燃烧起来；把纸条缠在铜丝上，再用火柴点，却怎么也点不着。这是为什么？

"我知道原因。"小博说："铜迅速把热传走了，温度没有达到纸的着火点。"大家对他的解释都点头同意。

卷卷严肃地对他们说："这几个实验好玩，但你们不要在大人不在家的时候玩，因为这是'玩火'，是很危险的。"

小伙伴们都点头称是。

院子里充满了欢乐的笑声。

卷卷问："冰块降温比赛，结论是冰块在上面降温快还是在下面降温快？”

“是上面，有利于形成对流。”

卷卷：“对流这种传热方式，只有流体才有，比如水、空气等。下面为了更清楚地看到热的向上运动，冷的向下运动，我们给热水加上颜色，观察它们的运动情况。”

实验七十一：海底火山

实验器材

大玻璃杯、空墨水瓶（配一软木塞或橡皮塞）、短细塑料管一根、粗长塑料管一根、热水、冷水、墨水（最好是红墨水）

实验内容

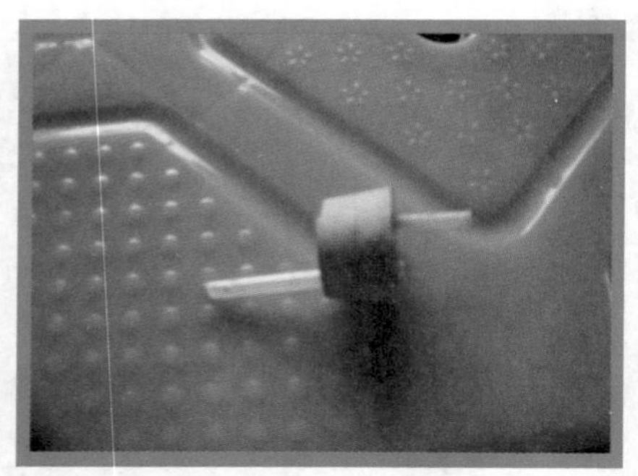

把两根塑料管插进塞子，短细只要刚进入瓶子即可，长的要插到瓶底。在大玻璃杯里盛上冷水。在墨水瓶里盛上热水，滴入一些墨水。把塞子塞好后，将墨水瓶放到冷水底。时间不长，就会看到从细管中升起一股漏斗状的“云雾”，很像火山在喷发。火山持续喷发，直至墨水瓶中的水与外面冷水温度一致为止。

卷卷解释：“前面介绍过，水如果能形成对流，就会很容易导热。水对流的实质与本实验的原理相同：热水密度小上升，冷水密度大下降，于是形成了对流。”

“你们想一想，如果回到房间感到很热，想打开空调降温，你们说是让空调吹出的冷风向上吹效果好呢，还是向下吹效果好？注

意，这个效果好是指尽快把房间的温度降下来。”

小博回答：“向上吹好，这样才好形成对流。”

“小璇、小斐，你们的意见呢？”

“我们也这样认为。”

“好！看来你们接受知识很快，又能灵活运用知识分析问题，非常好。”

“老师，风扇为什么不朝上扇风？”小斐问。

卷卷微笑着看了小斐一眼，说道：“风扇降温和空调降温原理是不一样的，空调是真降温，而风扇并不能降温。想想为什么。”

“因为身上有汗水，风一吹，加快了蒸发，蒸发从人体吸热，所以感到凉快。”小璇回答。

卷卷：“对，非常好。风扇并没有降低我们室内的气温。”

这时，刘小萌被爷爷送来了，还提了一兜水果。

卷卷热情地迎上去。小萌立刻融入小伙伴中。

送走了小萌爷爷，卷卷看到桌上的柠檬，灵光一闪，想到了一个有趣的实验。

卷卷立即招来了几个小伙伴，说：“下面我们要像电影里那样做一封秘信。”只见他迅速地从一个本子上撕了一张纸，用小刀割了一片柠檬，用柠檬汁在纸上写了一行字。

实验七十二：秘密信件

实验器材

柠檬、小刀、杯子、牙签、纸

实验内容

把柠檬切开，向杯子里挤入几滴柠檬汁。用牙签做笔，蘸着柠檬汁在一张白纸上写一行字，这时在纸上不会显示写的什么。把纸放在阳光下晒一段时间，或者在火上烤一下，纸上的字就会神奇地显现出来。

卷卷把道理说给孩子们：这是因为柠檬汁含有一种物质可以降低纸的燃点，经过烘烤，有柠檬汁的地方先被烤焦变成褐色，于是字迹出现了。

小斐问："老师，生活中哪些物体传热性能好，哪些不好？"

卷卷："这个问题很好，冬天为什么要穿棉袄，盖棉被？"

小博："保暖呀，说明棉花和布都不是善于传热的。"

大家点头称是。

卷卷："棉被是热的不良导体。他们不是自身产生热量，只是阻止了热量被传走。冷的东西比如冰糕，在夏天要让他们化得慢一些，就可以给它盖上棉被。"

"传导、对流是热传递的两种方式，还有一种重要的方式叫做辐射：就是热源不用通过任何物质，而以光的形式传播热量，比如冬天烤火，再比如阳光给我们送来温暖。"

"热传递的三种方式都讲了，请你们思考，热传递发生的条件是什么？"

"挨着，接触。"小博说。刚说完就遭到小璇的反驳："刚讲了辐射，不需要接触。"

小斐："那就是靠近的物体之间发生。"

小璇：“靠近？不对，太阳到地球很远，这算靠近吗？”

小博：“那你说条件是什么？”

小璇：“我觉得，一个温度高，一个温度低，挨着不挨着都行。”小璇试探性地说。

卷卷：“对，抓到了问题的关键。就是存在温度差。”

实验七十三：小试管里的冰熔化吗

实验器材

试管、烧杯、碎冰、蜡烛、火柴、棉球

实验内容

先在烧杯中装上很多碎冰，再在小试管中装进部分碎冰，把小试管中盛有碎冰的部分插入烧杯中的碎冰中，用棉球把试管口密封，点燃蜡烛，给大烧杯加热，直到烧杯中的冰融化。在大烧杯里面的冰化完之前，拿出小试管观察试管里的冰是否熔化。注意：小试管的底不要触及大烧杯的底。

为了避免使用火，卷卷让孩子把装置放到了阳光下，孩子们观察到的现象是，小试管里的冰并没有熔化。

面对孩子们的疑问，卷卷做了解答：“因为试管里和烧杯里的冰都可以达到0摄氏度，大烧杯里面的冰很容易从外界吸热开始熔化；冰属于晶体，熔化过程中温度保持0摄氏度不变，试管里的冰也是0摄氏度，因此温度相同无法产生热传递，从而不会熔化，直到大烧杯里面的冰熔化完，小试管里的冰才会开始熔化。

这个实验证明了，要发生热传递，就要有温度差。”

第十三章

热的本质是什么

小斐："老师，您给我们说了很多热的话题，可热是什么呢，是一种物质吗？"

卷卷："小斐的问题很好。历史上这个问题曾经困扰科学界很多年。热到底是什么说来话长，我只简单介绍一下。最初，有很多科学家认为热是隐藏在物体内的一种微粒之类的东西，叫做'燃素'，最后被否定了，这是因为：一是找不到这种隐藏的微粒，二是它不能解释一些热现象。经过研究，最后科学家确认了热不是一种物质，而是一种运动形式，创立了'分子运动论'。分子运动论的内容有三部分组成：第一，物质是由大量分子组成，分子是看不见的极小微粒；第二，分子在永不停息地做无规则运动；第三，分子之间存在着引力和斥力。正是大量分子的无规则运动，才使物体具有热的许多表现。分子运动剧烈，温度升高，反之亦然。"

"用这个理论就能解释所有的热现象吗？"小博问。

卷卷："到目前为止的确如此，比如热胀冷缩，分子运动剧烈了，所占的空间就会增大，外在的表现就是物体膨胀。"

"老师你做几个热胀冷缩的实验吧？"

卷卷挠了挠头皮："让我想一想。"

实验七十四：热水小喷泉

实验器材

吊瓶（带橡胶塞）、玻璃管（硬塑料管）、水、热水、脸盆

实验内容

把玻璃管从橡胶塞中间穿过，使尖端向外；将塞子塞进瓶口，调整玻璃管的长度，使之接近瓶底；拿下塞子，向瓶里加入约三分之一水，然后再塞好塞子。在脸盆里倒入很多热水，把玻璃瓶放进热水，观察玻璃管。时间不长，水从管中上升，然后喷涌而出。

原理解析

由于玻璃管口在水面以下，因此瓶中水上方的空气实际上被密闭起来，当周围倒上热水后，由于空气受热膨胀，使水面气压增大，因此会将水从玻璃管中压出来。

卷卷："说到分子不停地运动，下面我们可以通过扩散现象来观察。所谓扩散，就是两种物质的分子由于运动彼此进入的现象，如果温度高，说明分子运动剧烈，扩散的速度也会加快。下面来看一个对照实验。"

实验七十五：扩散现象

实验器材

两个玻璃杯、热水、冷水、墨水

实验内容

在两个玻璃杯里分别倒上同样多的热水和冷水，分别向热水和冷水中滴一滴墨水，观察墨水在水中扩散，看哪一杯水中的墨水先达到均匀。

原理解析

实验证明温度越高扩散越快，即分子的运动速度越快。

小萌：“老师，把糖放在水里，水变甜了，是不是扩散现象？”

卷卷：“是啊，小萌说得很好。还有很多例子，比如我们闻到花香、炒菜的香味，再比如炒菜放上盐，很快菜就变咸了等等都是扩散现象。”

实验七十六：巧割玻璃

实验器材

玻璃、棉线、酒精、盆、水、火柴

实验过程

在盆里盛上冷水，盆底的面积要能放下整块玻璃。把玻璃放在桌子上，选择你要切割的地方，把浸了酒精的棉线放好拉直，点燃它，在棉线即将燃尽时，把玻璃迅速放到冷水里，玻璃会立刻沿着你放酒精棉线的直线裂开。

原理解析

这是因为在棉线燃烧的直线上，迅速升温膨胀，然后受冷收缩，其内外的胀缩比例不同，因此自身脆性很强的玻璃就断开了。本实验内容有一定危险性，请孩子在家长协助下尝试。

实验七十七：消失的液体

实验器材

两个相同的玻璃杯、小勺、水、酒精

实验内容

在第一个玻璃杯里倒入四勺水，在第二个玻璃杯里倒入两勺水，再倒入两勺酒精，比较两个杯子里液体的体积，发现第二杯液体少了很多。同样是4勺，为什么少了，少的液体去了哪里？

卷卷：“从分子运动论可以看出，一切物体都具有大量的分子动能和分子势能，合起来称为物体的内能或者叫做热能。”

小萌突然发问：“老师，什么是内能呀？”

小璇：“是呀，老爸，我们听说过太阳能、电能、原子能，今天您又说了一个内能，那什么是能，能是怎么回事？”

卷卷：“能，就是能量。一个物体如果能对外做功，我们就说它具有能量，也就是具有某种能。

“凡是有能，就一定能做功吗？”小博问。

卷卷：“是啊，热能也能做功，比如瓦特改良的蒸汽机。”

小萌一听高兴了：“我的故事书上就有瓦特改良蒸汽机的故事。”

卷卷：“我们可以做一个模拟蒸汽机的实验。”

实验七十八：蒸汽机原理

实验器材

灶、烧开水用的铁壶、水、一个硬纸裁成的风车玩具

实验内容

装上小半壶水，水最好不要漫过壶出水口。把这半壶水放在灶上烧开，不要把壶提下来。一手把盖子按住，另一手拿风车靠近喷气的壶嘴，这时发现风车快速转动起来。

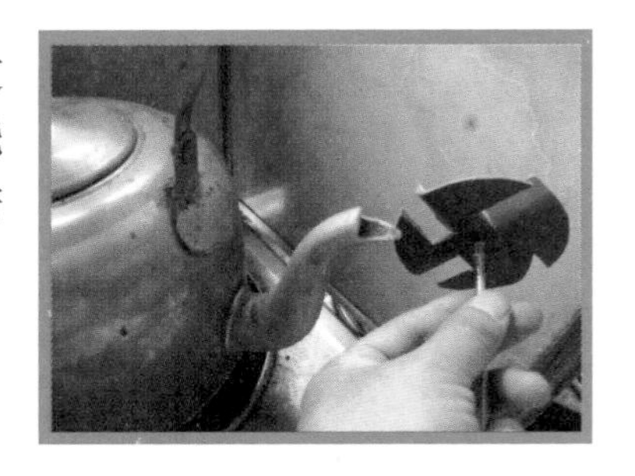

原理解析

在这个过程中，火焰燃烧产生的化学能转化成水和水蒸气的内能，内能又转化为机械能，使风车旋转起来。

卷卷：“任何物体都具有内能，物体内能的大小可以通过热传递和做功两个途径来改变。”

“热传递您讲过了，可什么是做功呢，做功是怎样改变内能的呢？”小斐问道。

卷卷：“所谓做功，就是物体在力的方向上移动了距离。你们来看，”说着卷卷走到墙角，从墙上拿下了一捆生锈的铁丝，他用钳子截下一段。“现在要使这段铁丝的温度升高，也就是内能增大，可以采取多种办法，比如太阳晒，热水烫，炉火烤等等，这些方法是热传递，但还可以用这样的方法，”说着他从窗台上找了一块砂纸。“我可以用砂纸不断打磨，铁丝的温度也会升高。”

“我们试一试。”说完，小博拿过铁丝，开始用力打磨，大家看着他，铁丝上的铁锈纷纷落下来，铁丝逐渐变亮，小博用手试一试铁丝的温度，“真的，铁丝变热了！”别人也伸过手去摸，确信了这一事实。

卷卷：“冬天手冷了，你们会什么动作？”

“烤火。”

“好，这属于什么？”

“热传递。”

“还有什么动作？有做功的动作吗？”

“有，搓手。”

卷卷：“对，搓手是常见的动作，可以使手温度升高感觉暖和，这就是用做功的方法改变内能，你们试一试。”几个人纷纷动手。

“为了使你们更好地体会做功可以改变物体的内能，现在请你们帮我干点活。”

“什么活？”小博问。

“锯木头，墙角有一根木头，你们把它锯断，注意锯一段时间后，拿出锯来摸一摸锯条的温度。”

实验七十九：锯条为什么热了

实验器材

锯条、木块

实验内容

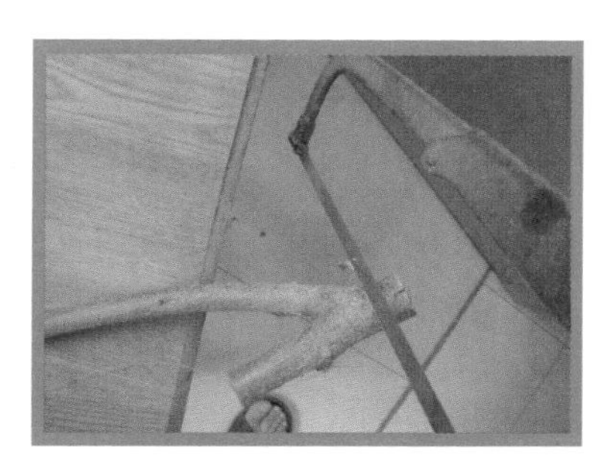

用锯条不断锯木块，过一小段时间后摸一摸锯条，感觉会很烫手。

小璇："老爸，对物体做功物体内能增大，这我们都体验到了；可反过来想，物体对外做功，内能就要减小，我们也能体验吗？"

卷卷："你想得很对，这就是逆向思维，非常重要。的确物体对外做功，自身的内能会减少。下面我们也用小实验来说明。

实验八十：气门嘴的凉热

实验器材

自行车、打气筒

实验内容

给自行车放气，用手感受从气门嘴喷出的气流的温度。摸一摸气门嘴的温度，发现温度很低。然后开始向里面打气，打一段时间，摸一摸气门嘴，发现气门嘴温度升高了。

大家轮番打气、放气，感受气门嘴的温度，确实感到放气时较凉，向里面打气时气门嘴较热。

卷卷告诉孩子们：这是因为撒气时，气体对外做功，内能减少，温度会降低；而打气时，人对气体做功，气体被压缩，温度升高。

实验八十一：自制“气枪”

实验器材

圆筒状硬塑料管（可用圆珠笔壳，把细头一端割去）、筷子一支、胡萝卜、小刀

实验内容

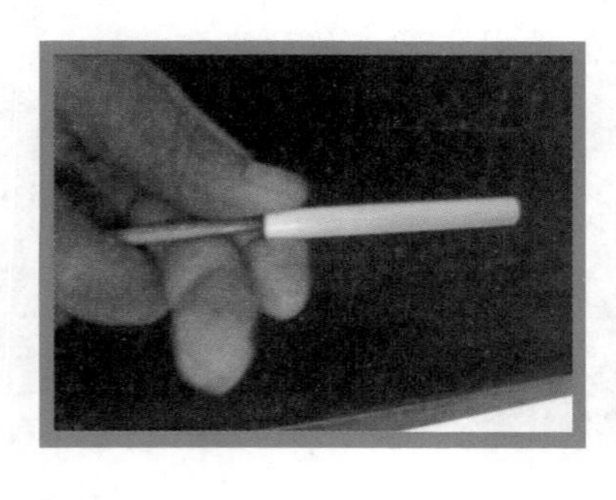

用刀切一片萝卜，厚度最好0.5~1 cm，放在桌面上，把笔壳两端分别压向萝卜片，使笔壳两端被两小片萝卜堵住，因而封闭一段空气。把塑料管平放在手中，千万不要对着人，将筷子用力捅向一端的萝卜小片，会听到“砰”的一声，前面的萝卜小片像子弹一样飞了出去。

“好玩！老师，我仔细看了，有白气产生。”小博高兴地喊道。

“白气是什么？”卷卷问。

小博：“是水蒸气。”

卷卷：“不对！这个白气不是气，是小水滴，真正的水蒸气我们是看不到的。”

“蒸馒头做饭冒的热气也是小水珠吗？”小斐问。

卷卷：“是啊，我们见到的各种白气都不是水蒸气，比如你们

吃冰糕，冰糕周围的白气也是小水滴。你们有没有注意冰糕上的白气是向上飘还是向下飘？”

小璇：“应该是向上吧，热水上的白气是向上飘的。”

“我们来观察一下。”卷卷让小璇又拿出一支冰糕。

实验八十二：向下飘的白气

实验器材

冰棒、冰箱

实验内容

夏天，打开冰箱冷冻室的门，观察白气向哪个方向飘；拿出冰棒，打开包装，观察一下上面的白气是向上还是向下飘荡。

原理解析

这些“白气”并不是气体，而是空气中的水蒸气遇冷液化形成的小水滴，冷空气密度较大向下沉，“白气”随着降温的冷空气向下沉去，因此看到“热气”向下飘。

“白气的形成是液化，就是气体变成液体；冰糕变成冰糕水，是固体变成液体，叫做熔化；白气向下飘是空气对流的原因；白气消失了，这是小水滴变成了水蒸气，叫做汽化。”卷卷拿着冰糕给几个学生讲。

“哎呀，老师，这么一支冰糕，让您讲出了这么多道理，太辛苦了。”小博笑道。

卷卷笑笑，然后吩咐小璇：“你去把家里的镜子拿来。”

“做什么用？”小璇问。

卷卷：“让你们再感受一下什么是液化。”

实验八十三：镜子为什么变得朦胧了

实验器材

镜子

实验内容

镜子是明净的，靠近镜子，张开口向它哈一口气，发现镜子变得朦胧了；用手抹一下，发现手上是水，过一会儿，镜子又明亮如初了。

原理解析

这是因为向镜子哈气，口中的水蒸气遇到冷的镜子表面，降温放热发生液化，变成了小水滴附着在镜面上，因此镜子表面变得朦胧了，过一会儿，小水滴从环境中吸热蒸发成水蒸气跑掉，因此镜子恢复明净了。

第十四章

物态变化

傍晚，凉风习习，卷卷一家人吃晚饭。小璇用筷子夹起一块豆腐问：“老爸，这冻豆腐为什么有这么多小洞洞。”

小璇妈妈：“别问了，你老爸今天讲了一天，让他歇歇吧。”

“我就想问这最后一个问题。老爸就陪我们做实验了，能比得上在教室上课累吗？是不是老爸？”小璇撒娇道。

“是啊，不累。讲这些东西那是游刃有余，但是你的问题我先不回答。你吃完饭，把两瓶矿泉水冻到冰箱里，明天讲解用。”

月朦胧，灯朦胧，星光罩夜空。树木的枝杈叶缝间时有光柱射出，各家各户都是一个温馨的小世界。

早晨，小博和小斐还没有来，小璇拿出了冻在冰箱里的矿泉水。

“哎呀，瓶子已经胀得变了形。”

卷卷微笑着拿了纸笔，“走，到院里坐下我来给你讲一讲。”

“水结冰，冰化水，质量是不变的，也就是说含有水的数量没有改变。但是水的密度大，冰的密度小。根据物理学上质量、密度、体积之间的关系‘密度=质量÷体积’，可知瓶子里的水结冰会把瓶子胀得变了形。”

“我明白了。”小璇高兴道。

“冻豆腐上会出现很多小孔也是因为豆腐里面的水要结冰，体积要膨胀，因此会胀出很多小孔。”

卷卷露出满意的笑容。

实验八十四：冻豆腐为什么有很多小孔

实验器材

豆腐

实验内容

把豆腐切成小块放进冷冻室，一天后取出，发现豆腐已经满身“蜂窝”了。

孩子们做完实验，又坐在一起做作业。

卷卷看着他们在用功学习，十分喜欢。他也坐在椅子上，抬头望天，感觉今天又是一个热天，心想，已经好长时间没下雨了。

卷卷起身，从一个梯子上爬上了西屋的房顶，房顶是平的，上面有一个黑色的水池，水池底有一个流水口接着一根橡胶管。还有一根长管子盘着，需要时接上家里的小水泵，向上面水池里注水，在一旁还放着两片白铁片。

几个孩子见卷卷爬上了屋顶，好奇心让他们停止了看书学习。

“老师，你上屋顶干什么？”

“我检查一下蓄水池，续上点水。”

“我们也要上去看看。”

“那好，学习很长时间了，也该休息一下了。你们一个一个上，小心点。”

几个人攀着梯子上来了。他们看见一个长方形的蓄水池，里面还有一些水。

“老师，这个干什么用？”

“这个可是多功能的。第一，夏天我们注上一些水，可以利用太阳能把水加热，方便用热水；第二，上面有这些水可以隔热，使这间房子在夏天不会太热，感觉比较凉快。”说完，卷卷一拉开关，随着小电机的嗡嗡声，清冽的水从水管子汩汩而入，大家伸手一摸，凉凉的。

“老师，这池子为什么弄成黑色？”小斐问。

卷卷：“主要为了吸热，黑色能吸收各种颜色的光，对阳光吸收最好，水温升得快。”

“老师，这一旁的白铁片又是干什么用的？”小博问。

卷卷：“盖住水池，以免很多树枝树叶落进水池。如果感到房间太热，就用它盖住水池，用它反射太阳光。好，我们该下去了，让太阳给我们烧热水吧。”

卷卷和三个孩子依次从梯子上下来。

“下面我就让你们体验一下，黑色和白色对光的吸收有什么不同。”

实验八十五：哪张纸更热一些

实验器材

黑色、白色、绿色等卡纸，剪刀

实验内容

剪相同面积的各色卡纸，放到阳光充足的地方（室内），过一段时间用手感觉，黑色的卡纸比较热一些。几个人用手感觉了一下，确实黑色纸更热一些。

卷卷：“现在你们可以回答夏天为什么人们都穿浅颜色的衣服，而冬天都喜欢穿深颜色衣服了。”

小博抢先回答："夏天，浅色衣服可以少吸收阳光，不会太热；冬天深色能多吸收太阳光的热量，更暖和一些。可是，我还有一点不明白，夏天白色衣服和黑色衣服接受到同样多的阳光呀，为什么效果不同？"

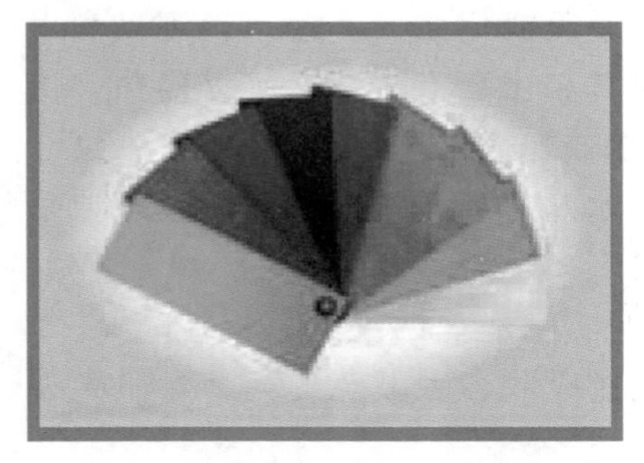

卷卷："这是因为白色会反射掉很多阳光，浅色也是，反射光多一些，因此不如黑色热。"

小博："这次明白了！"

卷卷："现在如果让你们来设计一个太阳能热水池，你们说说应该注意什么？"

小璇："里面用黑色油漆刷一刷。"

卷卷："还有吗？"

小博："放在阳光好的地方。"

卷卷："好，还有吗？"

小斐："我觉得还应该让它保暖，需要不善于传热的东西作池子。"

卷卷："你们想得很全面，一是善于吸热，二是不要让吸到的热散失掉。如果注意了这两点，热就会越聚越多，水温就能升高，你们来做一做吧。"

实验八十六：太阳能热水池

实验器材

铁盒、鞋盒、棉花或纸屑、黑油漆、水、玻璃板

实验内容

把铁盒内部刷成黑色并晾干，盛上一些水。在鞋盒底部铺上棉花，把盛水的铁盒放里面，在铁盒的四周与纸盒之间塞满棉

花或纸屑，把玻璃板盖在铁盒上，使接触严密，把整个装置搬到阳光强烈的地方，过段时间打开玻璃板试一下水温，发现水会很热。

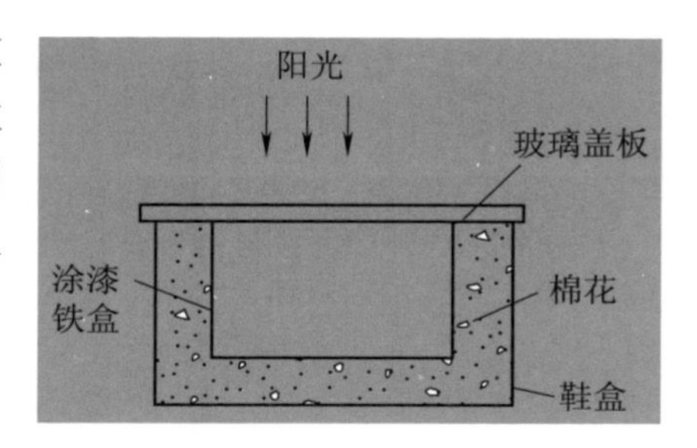

卷卷："物质有固体、液体、气体三种状态，当物质的分子不变，只是在这三种状态之间变化，这些变化属于物理变化。我们学习了固体与液体之间的两种变化：熔化和凝固；气体与液体之间的两种变化：汽化和液化。其他还有两种，那就是升华和凝华。"

"升华？我们语文老师经常说的一句话就是'使主题得到升华'。"小博道。

卷卷："升华本义是科学上的一个名词，是指物体由固体直接变化为气体，语文上用了它的引申义和比喻义。"

小博："老师，生活中有哪些现象是升华？"

卷卷："冬天，我们洗了衣服挂在外面的铁丝上，衣服上的水很快结了冰，硬邦邦的，可晾的时间长了，你并没有发现冰熔化成水，但衣服却逐渐变干了，那么冰去了哪里？"

"变成水蒸气跑了。"小璇回答。

"对，冰直接变成水蒸气，就是升华。"

"还有，你们等着，我去拿一个东西。"说完卷卷快步走进屋子。一会儿他拿出了一个小白球，大家闻到了浓烈的卫生球气味。

"你们看，这是一个卫生球，我们常常把它包好放在衣橱里，可以除虫。这个东西是固体，可你们闻到了它散发出的味道，而且时间长了，它慢慢变小直至消失，那么它跑到哪里去了？"

小博回答："空气里。"

"答对了，它直接变成气体跑了，它升华了。"

"升华是需要吸热还是放热？"小璇问。

"我们来做一个有趣的实验，从这个实验中你们自然会得出答案。"

实验八十七：点燃画中的蜡烛

实验器材

白手绢一块、樟脑球一个、彩笔一支、火柴一盒

实验内容

在白手绢上画一支蜡烛，把樟脑球在烛焰的位置擦一擦，使樟脑球的粉末进入手绢一些；把手绢盖住樟脑球，使樟脑球在蜡烛的上部，用火柴去点蜡烛的上部，蜡烛居然燃烧起来。吹灭蜡烛，发现手绢居然没有被损坏。

小萌高兴了："这个实验真有趣，画上的蜡烛点燃了，布却没有被烧坏！"

卷卷："因为卫生球主要成分是萘，萘很容易升华，而萘也是易燃的，因此点燃的是萘蒸汽。随着燃烧，温度会升高，而温度的升高又加快了萘的升华，升华又需要吸热，吸走了大量的热，保护了布面，因此我们看到布燃烧了一会儿却没有被烧坏。"

小博："我们明白了，升华的相反过程是不是就是凝华？"

卷卷："小博说得很对。升华的反过程叫做凝华，就是物质由气体直接变为固体，这个过程是放热的。比如冬天，田野里会出现霜，白白的小颗粒像下了雪。它就是空气中的水蒸气遇到冷空气大幅降温，水蒸气直接变化为小冰晶，于是形成了霜。"

"可爷爷说霜是露水变的。"小博说道。

"是啊老爸，不是有个词叫'白露为霜'吗？"小璇也有疑问。

卷卷："露水出现在初秋，是水蒸气遇冷液化形成的，是由气体变为液体。而霜出现在深秋或者是冬天，它是水蒸气遇冷直接变成固体。认为霜是由露水形成的是错误的。"

"我们知道了，老师还有凝华的例子吗？"小斐问。

卷卷："冬天窗玻璃上的窗花。"

"我们见过，每年冬天都有，我喜欢在窗玻璃上用手指头画画。"小斐说。

小博："可惜都是在冬天才能见着。"

"也不一定，咱们到屋里去。"卷卷起身带他们来到冰箱那儿，打开冷冻室，从里面拿了一块冻肉，关好冰箱门，让他们到门口观察。

"你们看，这块冰冷的肉上有一层霜。"大家仔细一看，真的，就像一层雪，小璇用手抠了一下，指甲里是冰雪。

第十五章

机械能

院子里，大家都坐在石凳上，有的做作业，有的看书。

“老师，小萌的故事书中讲到，伽利略通过观察教堂里灯的晃动，发现了单摆的等时性原理，我们能做一做这个实验吗？”小博翻看小萌的故事书后抬头问。

卷卷：“可以啊，那个时候没有表，他是通过数自己的脉搏来计时的，现在我们有各种表，为我们做实验提供了便利。下面我们来做一个单摆，来测一测是不是每次摆动的时间一致。”

实验八十八：单摆的等时性

实验器材

一个螺丝帽、伸缩性差的细线、秒表

实验内容

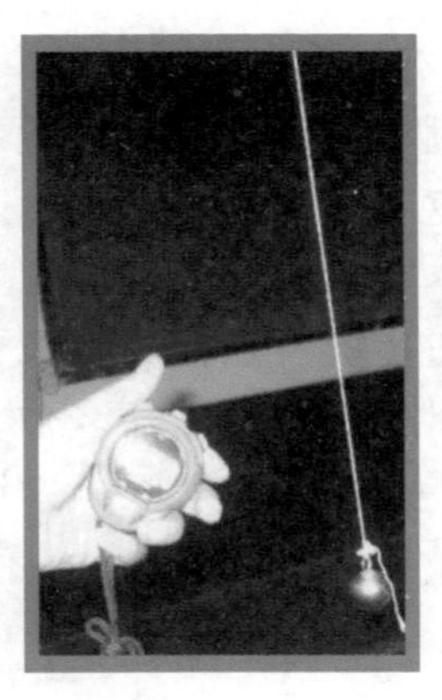

把螺丝帽用细线拴起来，吊在高处；拉直线牵动螺丝帽离开最低点一个位置，松手的同时按下秒表计时，当螺丝帽再次摆到这边最高点时计下时间，多测几次取平均值记下来；再改变松开手的位置重新测量，发现时间基本是一样的。如果改变了线长，结果就会不一样了。

实验八十九：惊险游戏

实验器材

细绳（注意不要用弹性强的绳子）、小铁锁

实验内容

将小铁锁用细绳拴住，绳子另一端固定在高处，做成一个绳摆。把绳子拉直，将小铁锁放在接近额头的位置释放，很快小铁

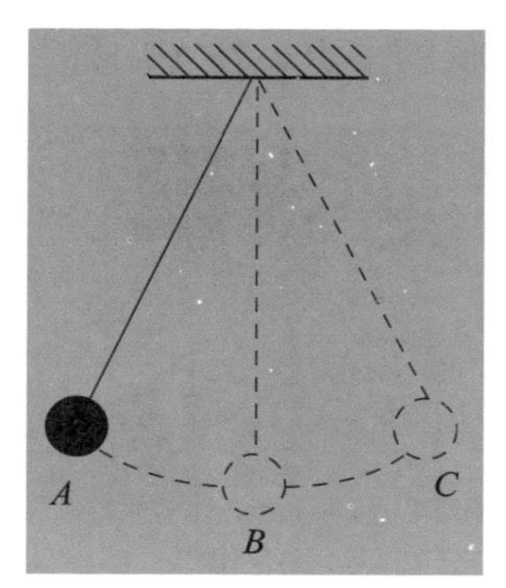

锁向着自己的面部打来，当铁锁快接近自己额头时速度已经减为零，然后远离自己而去；再次回来时，离开自己的额头更远了。

“它打不到老师，铁锁最多能重新回到原来的高度，不会再往上走，所以打不到。”小博自信的解释道。

卷卷问：“为什么觉得铁锁最多能回到原来的位置？”

小博：“感觉就是那样。”

卷卷：“你的感觉很正确。如果不考虑空气阻力，铁锁还能回到原处。在实际生活中，由于空气阻力，铁锁所能达到的高度是一次比一次低，因为拉高它所储存的机械能越来越少。”

他让几个孩子分别站在椅子上体会，可女孩们还是在铁锁冲着自己过来时，不自觉的向后移动头部并发出惊呼。

体验过以后，卷卷和他们谈了动能、重力势能以及他们相互转化的知识。

“我还可以做一个小钢球过坡的小实验，你们想一想其中的道理。”

实验九十：小钢球过山坡

实验器材

小钢球、大小不同的厚书三本、一块长带状无褶皱的塑料布、棉布

实验内容

按图所示在桌面上由大到小把三本书展开放好，书下塞上棉布等，这样形成三个小“山坡”，一个比一个低，注意用高的书页压住

低的书页，使“山谷”处与下一个“山坡”衔接处平滑。在上面把带状无褶皱的塑料布铺盖好。这相当于三起三落的山道。塑料布用重物压住。从最高的“山峰”处释放小钢球，观察小钢球会不断越过后面两个“山坡”。

原理解析

这是由于重力势能与动能不断转化造成的。

卷卷：“孩子们，动能就是物体因为运动而具有的能，重力势能是因为物体被举高而具有的能。它们都属于机械能。机械能除了这两种以外，还有一种弹性势能。弹性势能是物体由于发生弹性形变而使物体具有的能。什么是弹性形变呢？比如，拉下弹簧松手后，弹簧又恢复原状，这种外力撤去后还能恢复的形变叫做弹性形变，物体发生了弹性形变，就储存了弹性势能，一旦释放出来，就可以做功。”

“老师，橡皮筋发生的形变也是弹性形变对吗？”小斐问。

“对，橡皮筋就可以储存弹性势能，比如你哥哥玩的弹弓，弓拉开，”卷卷做着动作“就储存了弹性势能，一释放，弹性势能就转化成小石子的动能，于是石子飞出去。”

“来，我用小橡皮筋来演示一下。”说着卷卷拿了一根小橡皮筋。

知识链接

过山车是很刺激的儿童游乐设施，其实它的原理就是动能与重力势能的不断转化。

实验九十一：橡皮筋弹弓

实验器材

橡皮筋、纸

实验内容

把纸撕成一个宽度大约2厘米长的纸条，卷起来，然后再在中间对折一下，做成一个一个弹子待用。把橡皮筋套在拇指和食指上，把弹子夹住橡皮筋向后拉，瞄准一个物体，松手，纸弹向前打出。

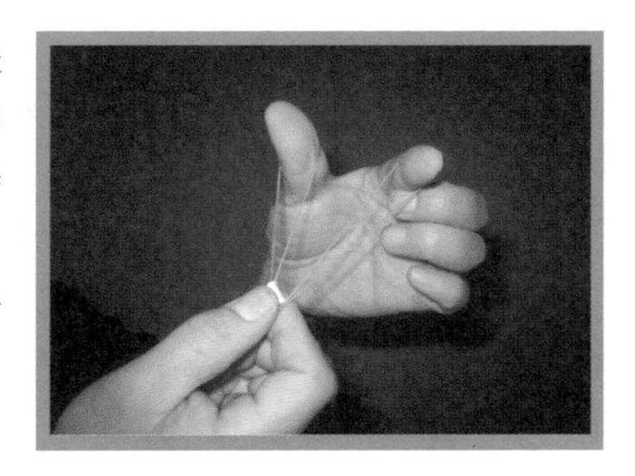

原理解析

拉动橡皮筋，使橡皮筋储存了弹性势能；松手后，弹性势能转化为弹子的动能，这与射箭是一个道理。

“老师，古代的弓箭与这弹弓的道理是一样的吧？”小博问。

“是啊，不过弓箭的弹性势能既储存在弓上，也储存在弦上。剩下的时间，我们来做一个更有趣的东西——自动压路机。”

知识链接

在冷兵器时代，战争中所用的强弓劲弩，都是利用弹性势能的原理；而守城用的滚木礌石，是利用重力势能来杀伤敌人。

实验九十二：自动压路机

实验器材

完整的金属圆柱状罐头盒或茶叶盒一个、粗一些的橡皮筋一条、大螺母或带孔的钢球一个

实验内容

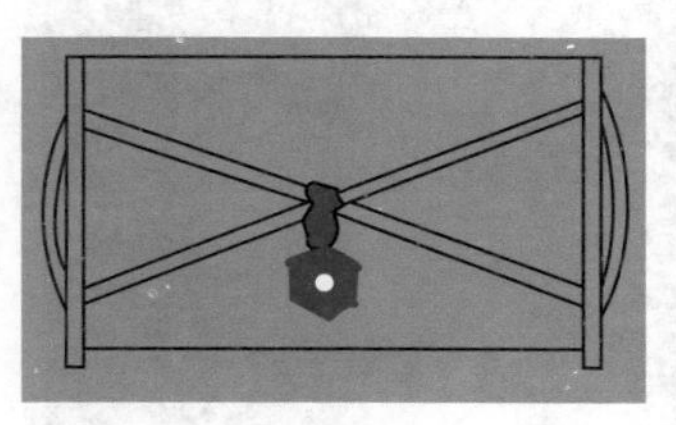

在罐头盒的盖和底上各开两个小孔，并穿过一条粗橡皮筋，把它连成“∞”字形。在“∞”字形中部，用麻绳拴一个重的螺母，这样就做成了一个“压路机”。把它平放在桌面上，用手推它，使之向某一个方向滚动，当它滚到了一定远的地方，松开手，罐头盒会自动反方向滚回来，滚到一定距离，再滚回去，如此往复不断来回“压路面”。

原理解析

这种现象是弹性势能与动能反复转化造成的。

下午，小博开始自己制作弓箭，而小璇、小斐和小萌扎起秋千。

卷卷坐在院子里，及时给他们一些建议和指导。做好后，小博玩弓箭，女孩们荡秋千，大家玩得十分快乐。卷卷乐得清闲，喝茶看书。

小璇妈妈出来招呼孩子们：“先别玩了，看满头大汗的，每人喝一碗蜜水。”

喝完蜜水，小璇去洗碗，忽然想到了什么，喊小博：“小博，刚才我看见你玩小钢球，你给我一个。”

小博从口袋里掏出一个小钢球。

小璇拿一个洗好的碗，把水倒干净来到小石桌旁：“你们看，我也可以给你们做一个动能势能相互转化的小实验。”

实验九十三：碗中的钢球

实验器材

碗、小钢球（或玻璃弹球）

实验内容

把碗放在桌子上，将钢球沿着碗的边缘释放，发现小球滚落后又上升到对面的碗壁上，然后再滚下，反复几次，最后在碗底停下。

“哈哈，小璇老师已经进入角色了，三位同学要认真观察呦！”卷卷高兴地说。

“我们愿意听小璇姐姐的。”小萌说。

卷卷问小博：“你有几个小钢珠？”

“还有几个。”说着小博把小钢珠递给卷卷。

卷卷：“你们知道吗？我们小时候常玩弹球游戏，那时候玩的是玻璃球，很漂亮的。我们在玩弹球时，常常发现这样一种现象：一个球迅速碰撞另一个小球，另一个球飞跑出去，而这个球一下停住，感觉就像是运动被原封不变地传递了。”

“对对，我们玩时也常见。”小博小斐点头。

“我们来试试，然后说一说现象背后的道理。”

实验九十四：弹球游戏

实验器材

两个相同的玻璃弹球

实验内容

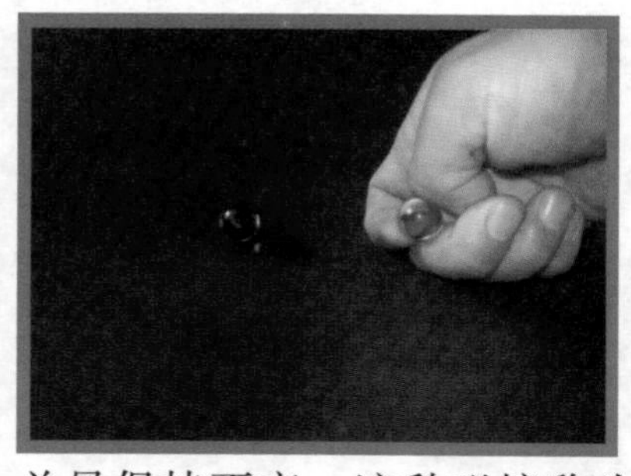

把一个球放好，用另一个弹球高速弹向它，使之发生正碰，会发现原来静止的小球快速被弹开，而原来弹出的球却停了下来。

卷卷："如果没有其他能量损失，碰撞时动量、动能都守恒。也就是说，把两个球看作同一系统，总量保持不变，这种碰撞称为弹性正碰。但生活中，大多数情况下，总能量是损耗的。比如刚才做的单摆，与空气摩擦消耗能量，摆中的机械能会越来越少，直到停止摆动。"

"假如没有能量损失，你们猜一下单摆运动情况会如何？"卷卷接着说。

小璇："会永远不停地摆动下去。"

卷卷："现实生活中不可能，但是在理想状态下，确是如此。"

见他们对结论很疑惑，卷卷又以乒乓球为例。他把石桌上的书收拾一下，露出平整的桌面，把乒乓球从高处降落。乒乓球在桌面上反复跳动，但一次比一次跳得低，最后停下来。

"为什么乒乓球会一次比一次跳得低呢？是因为乒乓球每次下落和上升都受到空气阻力，消耗了它的机械能。如果没有空气，没有能量损失，会怎样？"

小璇："每次跳起来都能回到原来的高度，而且会在这儿永远地跳动下去。"

"来，我来试一试。"小博拿过球从高处释放，然后坐下仔细观察，调皮的他把一张报纸推过去，球落在报纸上，再跳起明显减慢，只跳起了一点，几下就停下了。

"老师，你看我垫上报纸，球怎么跳不起来了？"

卷卷："球以一个速度撞击桌面，要受到桌面给它的反作用力，如果相互作用的时间越长，在改变相同速度的情况下，受到的冲力就越小。这就是为什么装鸡蛋的箱子里要放一些软草、碎纸之类的东西，这样能减轻相互的撞击力。"

第十六章

研究一下声音

院子里，小璇向小伙伴们讲自学的物理知识，现在正在绘声绘色地讲声音的知识。

“声音是由于物体的振动而产生的，一切正在发出声音的物体都在振动。比如敲一下鼓，摸一摸鼓面就能感觉到振动。”她准备了一个小鼓，敲起来，让‘学生’体验；她又在鼓面上放了一些米粒，鼓声一响，米粒在鼓面上跳动起来。她还让小博他们大声说话，用手摸住喉头来体会振动。

卷卷在旁边高兴地看着，在小璇讲完之后又给他们补充了几个有趣的小实验。

实验九十五：看见了声音

实验器材

八宝粥罐、剪刀、钳子、碎镜片、双面胶、气球、细线

实验内容

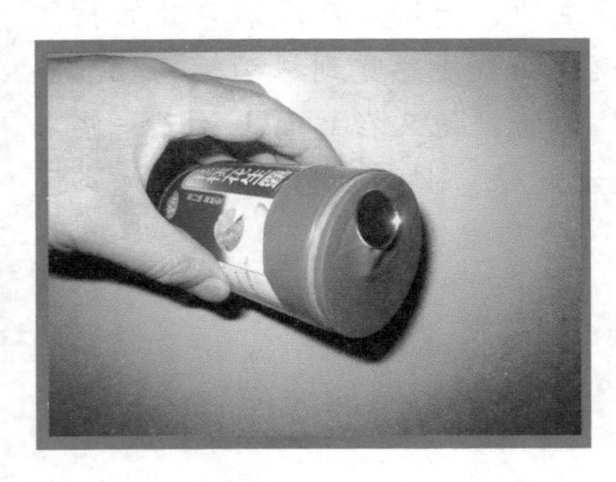

用剪刀和钳子，把八宝粥罐的两端封口去掉，做成一个金属圆筒；把气球剪破，用球皮蒙在筒口，拉紧它使橡胶皮紧绷在筒上，周围用细线缠绕固定。在球皮面上，用双面胶粘上一块小薄玻璃碎片或镜片（贴在边缘效果更好）。在阳光很好的中午，把圆筒对着墙，并使小镜片反射的光斑出现在墙上，对着圆筒大声说话、唱歌，你会发现光点会产生不同的图形。

原理解析

人说话时空气振动，带动橡皮膜振动，于是膜上的小镜片振动，它所反射的阳光就会以较大的幅度移动。通过反射光线，把微小的振动放大了。

卷卷：“声音的传播需要介质，我们能听到别人说话，是声音通过空气传播的，固体、液体都可以传播声音。”

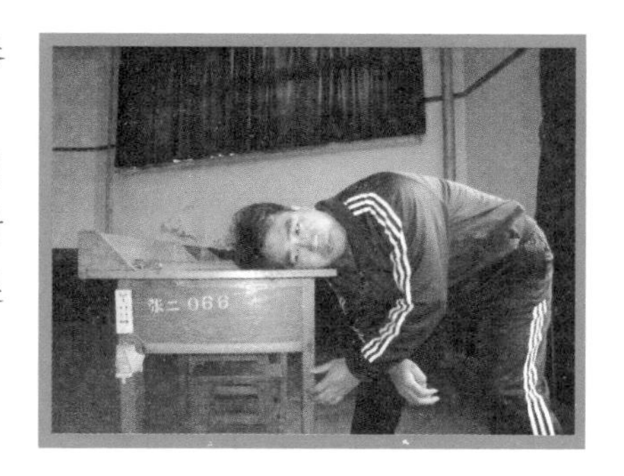

为了验证固体传播声音，卷卷让小伙伴作了如下实验来体会。

让学生把耳朵贴在桌面上，用一只垂下的手轻轻敲击桌腿，这时听到敲击声音很大；把耳朵离开桌面，敲击声几乎听不到。

实验说明，固体可以传播声音，而且传播声音的本领比空气要好。

实验九十六：制作“土电话”

实验器材

棉线、火柴棒、两个一次性纸杯（塑料瓶底也可以）、钉子

实验内容

用钉子在两个一次性纸杯的底中心扎一个孔，把一个火柴棒一掰为二，分别把棉线拴在半根火柴棒的中间；将这半根火柴棒带着线从纸杯底的孔中穿进，再拉动棉线，棉线不能被拉出。两个人一人拿一个纸杯，一人在窗外，一人在窗内；把棉线拉紧，一人把纸杯扣在耳朵上，一人对着纸杯轻轻讲话，听的人会感到声音比较清晰。

原理解析

这个声音是通过棉线传过来的，说明固体可以传播声音。

他们把线拉紧，小博把纸杯扣在耳朵上，小斐对着另一个纸杯轻声说话："小博，你听到了吗？"

小博："听到了，你的声音很清楚，比从空气里听到的声音大。"

大家换着来试听，确实土电话很成功。

"如何说明液体也可以传播声音呢？"小斐问。

小璇翻开书念道："将要上钩的鱼，会被岸上人说话声或脚步声吓跑；在花样游泳比赛中，运动员在水中也能听到音乐，这些都是因为水能传播声音。"

"明白了，鱼也能听到声音，水下的运动员也能听到声音，说明液体也能传播声音。"

小璇："太好了，声音的产生和传播基本学会了。下面是声音的特性：音调、响度和音色。我还不是很懂，还是请老爸来讲吧？"

卷卷："音调是指声音调子的高低，我们唱歌时学简谱1、2、3、4、5、6、7，音调依次变高。音调高的声音听起来尖、细、亮，而音调低的音听起来沉闷。谁来学一下老黄牛的叫声？"小博"哞---哞—"叫了几声。

卷卷："对，这个音调很低。那么音调的高低是怎么造成的呢？你们来看一个小实验。"

实验九十七：梳子与音调

实验器材

梳子、三角板（硬木板或塑料板均可）

实验内容

一手拿梳子，使齿向上；另一手拿三角板在梳子齿上滑动，仔

细倾听并体会滑动速度与声音调子的高低有什么关系。你会发现，缓慢滑动，音调低；快速滑动时，音调高。那么快速滑动和缓慢滑动对三角板的振动有什么影响呢？

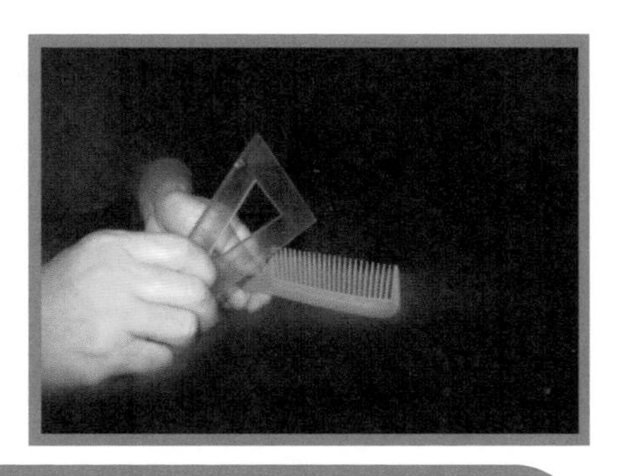

原理解析

快速滑动时，相同的时间内，梳子齿敲击三角板的次数多，尺子振动快。因此得出结论，发声体振动越快，音调越高。

卷卷：“可见，振动越快，声音音调越高；振动越慢，音调越低。振动的快慢，我们可以用每秒钟振动多少次来表示，这个在物理上叫做频率，因此可以说频率越大，音调越高，反之亦然。”

“那么，什么是响度呢？”小博问道。

“你们来听鼓声。”卷卷轻敲一下，然后又重敲一下，“有什么不同？”

小璇：“前一次声音小，第二次声音大。”

卷卷：“声音的大小叫做响度，第一次响度小，第二次响度大。响度由振动物体的幅度决定，简称振幅。振幅越大，响度越大，振幅越小，响度越小。”

“老师，这里面概念太多，我们有点搞不清了。”小博道。

卷卷：“不要紧，我们放慢学习进度。咱们来讨论一个问题：假如我们这个院子里有一头牛在叫，我们头顶上树枝上有一只小麻雀在叫，现在请问两个声音中，谁的音调高，谁的响度大？”

几个人认真讨论了，又看了一段时间教材，最后得出一致结论：牛的响度大，麻雀的音调高。

卷卷：“很好，这个问题搞清楚了，音调和响度基本就能分清了。下面再来做一个小实验，加深一下对振幅、频率等概念的认识。”

实验九十八：音调和响度

实验器材

一把钢尺、桌子

实验内容

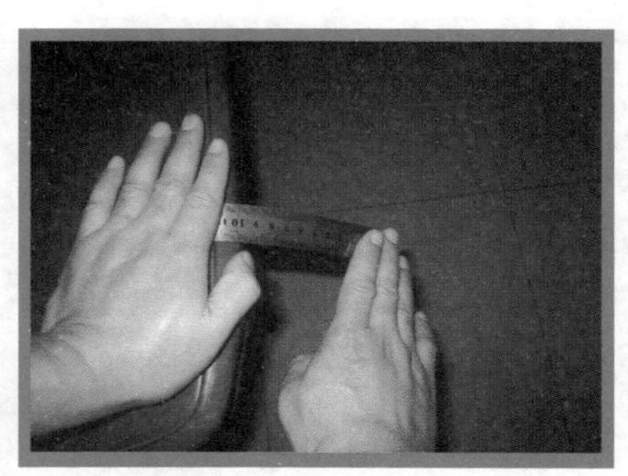

把钢尺紧按在桌面上，一端伸出桌面。拨动露出桌面的尺端。第一次用小力，使钢尺振动的幅度小，第二次用大力，使振动幅度大，听一听两次发声的区别。改变伸出桌面的长度，再次拨动，使振幅尽量相同，仔细辨别声音调子的高低。注意观察，伸出桌面越长，在拨动后振动越慢。

原理解析

振幅越大，声音的响度越大。改变伸出桌面的长度，再次拨动，使振幅尽量相同，仔细辨别声音调子的高低，可以知道振动越快，声音的音调越高。

小博：“老师，音调与响度我们分清了，声音还有一个特征叫做什么？”

卷卷：“第三个特征就是音色。有个说法叫‘闻其声知其人’，对于熟悉的人，听到这个人的声音，就能知道是谁。每个人说话都有自己独特的音色。比如钢琴和笛子等，即使他们分别用相同的响度演奏同一组音调的音，我们也很容易分辨出哪个声音是钢琴发出的，哪个声音是笛子发出的。音色就是指发声体的特征音，它与发声体自身的材料、结构等有关。”

实验九十九：水杯演奏器

实验器材

七个玻璃杯、水、一根筷子

实验内容

把玻璃杯依次排放好，每个杯子倒入水的高度依次增加。

用筷子敲击它们，会出现一定的乐音曲调。调好水的高度，你甚至可以演奏简单的乐曲。

原理解析

音调与发声体的振动频率有关，而杯子振动发声的频率与杯中空气柱的长度有关。空气柱越长，音调越低，反之亦然。调整空气柱的长度，使敲击时发的音与相应的音调相符，这样1,2,3,4,5,6,7七个音就全了。筷子敲击力度不同，响度就不同，节拍由曲谱来决定，这样就可以演奏简单的乐曲了。

几个人非常高兴，小璇学过古筝，居然敲出了“一闪一闪亮晶晶，满天都是小星星”的曲调。四个孩子，你敲几下，他敲几下，玩得非常快乐。

第十七章

好玩的摩擦起电

这天，几个孩子在院子里玩。小博喊道：“这泡沫小球真粘呀，怎么这么难弄掉。”他掰了几块白色泡沫玩，谁知从上面掉下的白色小球吸在了他手上。

“这不是粘，是吸，小球带电了。”小璇说。

“不会吧，我又没有拿电池什么的，怎么会带电？”

“不信，问我老爸，肯定是因为带电的原因！”

见两人争论，小斐和小萌跑去找卷卷做评判。

卷卷过来，也拿起塑料泡沫掰了几下，手上也带了很多小白球。“这是因为带电了才如此。小璇说对了，带电体有一个性质，就是吸引轻小物体，因为力的作用是相互的，如果带电体本身就是轻小物体，它很容易被吸引到其他物体上。”

“老师，它是怎样带上电的？”小萌问。

“是呀，没有电源，哪里来的电？”小斐说。

“我来告诉你们，电并不神秘，我们周围到处都有，只不过它们并不显露出来，只有用一定的方式，才能让它们表现出来。比如这块石头，”说着卷卷随手捡起一块石头，“里面有无数个带电微粒。”

“这怎么可能？”小博不敢相信。

卷卷：“目前，已知的只有两种电荷，正电荷和负电荷。石头里有无数正电荷和负电荷，但它们数量一样多。正和负相互抵消，谁也没有表现的机会，于是石头不带电，实际上不表现为有电。假如有个办法让它们正多负少，或者正少负多，那么这个平衡就被打破了，物体就表现出了带电的特征。”

“那用什么方法让不带电的物体带电呢？”小璇问。

卷卷道：“最简单的方法就是摩擦起电。下面我们来做几个小实验，你们就会明白了。”

实验一百：有吸引力的笔壳

实验器材

圆珠笔、碎纸屑

实验内容

将塑料笔外壳在头发上摩擦几下，然后靠近碎纸屑，会发现碎纸屑翩然飞起，粘在了笔壳上，这是为什么？有人说是摩擦起电，那么摩擦起电又是怎么回事呢？这个实验在干燥的环境里很容易成功，在阴雨天里再试一试，会有什么不同。

卷卷："这就叫做摩擦起电。两个物体，一个容易失去电子另一个容易得到电子时，当它们相互摩擦时易失电子的失去了电子，负电荷减少了，表现为带了正电荷；另一个物体易得电子，得到了电子，负电荷增多，表现为带了负电荷。这两个物体由原来不带电，经过相互摩擦，分别带上了正电和负电，这种现象叫做摩擦起电。带电体都有吸引轻小物体的性质，因此笔壳吸引碎纸屑。"

"我们都来试一试。"四个学生用剪刀剪下了一些纸屑，用圆珠笔壳在头发上摩擦，然后靠近纸屑，仔细观察。

卷卷："请仔细观察，看除了吸引以外还有没有别的发现。"

大家做了一段时间，小斐喊："老师，我有发现，有的纸屑被吸上去，但很快又被弹下来。"

"我也发现了，确实如此。"小璇、小博和小萌都说发现了类似情况。

"为什么会这样，老师？"

"好，先不忙着回答，今天天气很干燥，做摩擦起电的实验正合适，下面我们再来做一个。"

实验一百零一：又聚又散的小米

实验器材

干燥的碗或盘子、小米、塑料小勺

实验内容

把一些小米放在碗里，将塑料勺头凸面在自己的头发上顺着一个方向摩擦几下，然后将勺头凸面靠近小米，仔细观察会发现许多小米会被"吸"到勺头上，有一些会很快蹦下来。

"小米也是被吸到勺子上，有一些很快就被弹下来。"小博喊道。

"是呀，我也看见了，老师您说一下原因吧？"小斐说。

卷卷："世界上只有这两种电荷，当电荷与电荷靠近时，就会表现出明显的力的作用。同种电荷相互排斥，异种电荷相互吸引。刚才实验中，摩擦过的塑料勺上带了某种电荷，能吸引轻小物体，于是把小米吸上来，小米与勺子接触，就带上了与勺子一样的电荷，这种带电称为接触带电，一些小米都带上了同种电荷，它们之间以及它们和勺子之间就会相互排斥，因此会有一些小米被排斥下来。”

“我们知道了，那刚才的纸屑落下来，道理应该一样了？”小璇问道。

卷卷：“是的，道理一样，同种电荷相互排斥。”

“老师，正电荷和负电荷怎么区分？”小博问。

卷卷：“人们知道了很多带电体，发现要么相同，要么相反，非此即彼，因此知道只有两种电荷。正和负只是人们的规定，丝绸与玻璃棒摩擦后，玻璃棒上所带的电荷为正电荷；与毛皮摩擦过的橡胶棒上所带的电荷为负电荷。”

“噢，原来是规定的啊”小斐说道。

卷卷：“小璇，去找下一个塑料泡沫和一块玻璃，我们再来做几个实验。”

实验一百零二：跳动的纸屑

实验器材

有机玻璃板（或透明塑料板）、塑料泡沫、书、碎纸屑

实验内容

把有机玻璃板架在桌上的两本书之间，在玻璃板下放一些碎纸屑。用塑料泡沫在板上面摩擦时，就会看到纸屑在下面不断地上下跳动。

实验一百零三：塑料尺黏气球

实验器材

吹好的彩色小气球、塑料长直尺、毛皮

实验内容

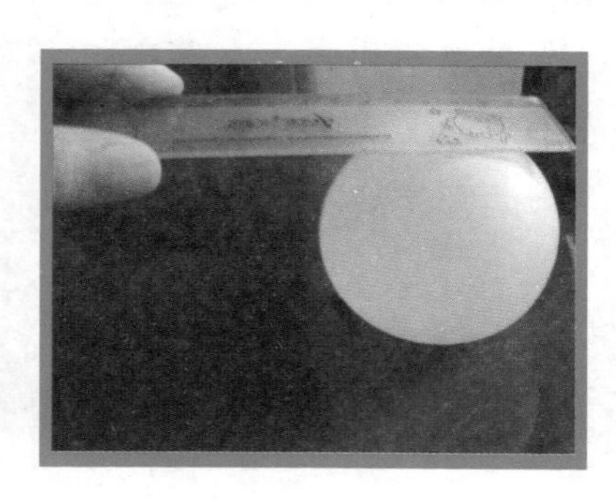

用毛皮不断摩擦直尺一端，将其靠近小气球，发现气球被吸起来了。

卷卷：“利用摩擦起电原理，可以尝试做很多有趣的小实验，你们可以多动脑筋开发一些，现在我再给你们表演一个‘魔法吸管’。”

实验一百零四：魔法吸管

实验器材

塑料吸管、新报纸

实验内容

撕一块报纸，把吸管包裹上，只露出少部分，用手拿露出的部分，使吸管在报纸筒里摩擦，过一段时间，把吸管抽出来，放到直立的手掌中，发现短时间内吸管会立在掌中。

“老师，我有时用梳子梳头发，发现头发被梳子吸的飘起来，是不是摩擦起电？”小斐问。

“对啊，有时还噼啪得响。”小博附和着说。

“老师，我冬天穿着毛衣和羽绒服，脱下衣服时会有火星闪动，有时还会很疼，是摩擦起电吗？”

卷卷：“是呀，很多生活现象是摩擦起电造成的。”

孩子们一下对摩擦起电亲切起来，原来它一直就在自己身边，只不过自己不知道罢了。孩子们开始自发的对摩擦起电进行实验探究。

小璇：“老爸，我给这福字下的穗穗梳了几下，它们膨胀的真好看，是不是因为它们带了同种电荷？”

大家发出啧啧称赞声。

小斐：“大家来看，这花的叶子，我能控制它动。”

大家都围过去，小斐拿着在头上梳过的塑料梳子，靠近一棵花的叶子，叶子向梳子靠近过来，拿走梳子，叶子又回去，再接近又吸过来。

“真明显呀，带电的梳子在吸引绿叶。”

小博跑到水龙头那儿，把水流拧得很细，用塑料尺在蓬松的头发上使劲摩擦几下靠近水流。“你们看，尺子吸引水流。”一时间孩子们趣味十足。

他们正玩得高兴，天空中传来了雷声，这时大家才注意到天空半明半暗，乌云已经奔涌而来。

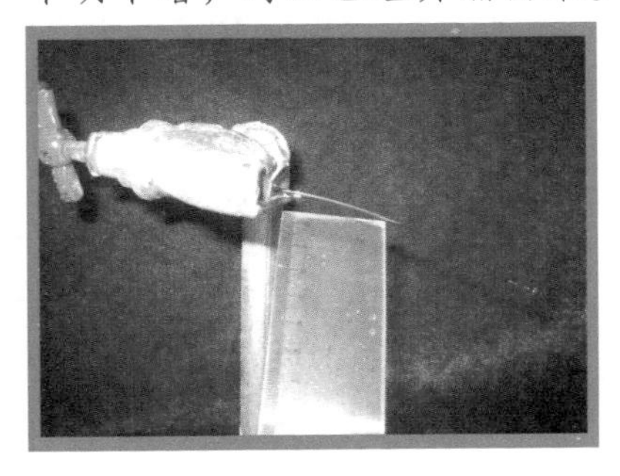

“太好了，要下雨了，可以凉快凉快了！”小璇妈妈从屋里走出来望着天空。

孩子们停下手里的实验，都躲到屋檐下看向天空。

天渐渐地暗下来，刮起了风，闪电过后，雷声滚滚而来。卷卷一家和几个孩子都进了屋。

小璇："老爸，这闪电就是云层在放电，那云层上的电是不是也是摩擦起电而带上的？"

卷卷："是啊，云在空中运动，云中的大量尘埃、冰晶在云里相互摩擦，也与空气摩擦，逐渐产生了很多正负电荷，一般负电荷在云层的下部，正电荷在云层的上部，当两片云靠近时，中间的空气被电场击穿，形成放电，这就是闪电。"卷卷正说着，一道闪电划过。

"那闪电就是正负电荷间的放电现象了？"小璇问。

卷卷："是啊，本质上是这样的。我们在黑暗的环境里，可以做一个'人造闪电'实验；不过要在天气干燥的夜里更容易成功。"

实验一百零五：人造闪电

实验器材

乒乓球、毛绒布、金属汤勺、泡沫塑料垫片

实验内容

在桌面上垫一块泡沫塑料，上面放一把干燥的金属汤勺。把干燥的乒乓球包在毛绒布里反复摩擦，然后把乒乓球从绒布里直接落到汤勺上，注意低一点防止乒乓球弹跳。灭掉电灯，把你的食指指尖逐渐靠近汤匙把的一端，在相距几厘米的范围内，会看到蓝色的闪电在指尖和把端间跳过。

此时，天黑了下来，屋里人多又闷热，可偏偏这时候，风扇停止了工作。

“老曹，停电了。”小璇妈妈摆弄了一下风扇说道。

卷卷：“咱家的电棍还有吗？”

小璇妈妈：“有啊，没有电，你问它有什么用呢？”

“我让它发光啊。”

“没有电，怎么让它发发光？”大家都不信。

“我也不能确定行，试一试吧。”说着卷卷起身到内屋去找电棍。

不一会，卷卷拿了一根小电棍，用一块干海绵擦去上面的尘土，接着他吩咐道：“你们先把窗帘关上，在黑暗中，我试一试能不能让日光灯发光。”

实验一百零六：重新发光的日光灯

实验器材

日光灯管、毛刷

实验内容

在暗室中静坐5分钟，使眼睛适应黑暗的环境后，把日光灯管平放在桌面上，用毛刷来回刷灯管，会看到随着刷子刷到的部分，管内气体和荧光层都闪闪发光，有时甚至闪光遍及全管。

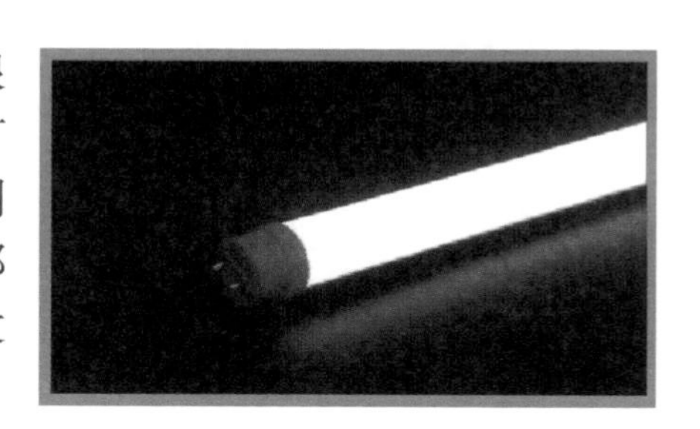

屋内昏暗，卷卷要求大家先闭上眼睛等着，等他喊睁开眼时再看。小博眯着眼偷看卷卷在做什么，只见他拿着一把毛刷，不断来回摩擦灯管。灯管内居然闪闪地动态发光了。“亮了”他忍不住喊出了声，其他人也睁开了眼，他们高兴地发现，灯管内的荧光层闪闪发光。

卷卷：“摩擦起电产生的电荷，属于静电荷，如果电荷在电源的作用下向着同一个方向运动，就形成了电流。”

“老师，电池是怎样把电装进去的？”小萌突然问道。

卷卷：“干电池，就是手电筒里装的这种电池，它是装了一些化学物质，储存了化学能。在用它的时候，这些化学能就源源不断地转化为电能。”

“老师，我在一本科学画报上看到，可以用水果来做电池，我们能做一个吗？”小斐问。

“可以，但是我们没有灵敏电流计，产生的电流很小我们难以检测。”

小博问：“能使小灯泡发光吗？”

“不好说，应该不足以使手电筒的灯泡发光。但是几个水果电池串接起来应该能发光。我们也可以做醋电池，效果要好一些。我们试一下。”

卷卷找了一块锌片，一块铜片，把它们剪成几片，找了几根导线和一个LED小灯泡。

注意事项

LED小灯泡即发光二极管，发光电流小，容易成功。但要注意，一个方向接入如果不发光，要改变接入的方向，这是因为二极管具有单向导电性，只允许电流从一个方向通过。

实验一百零七：醋电池

实验器材

三片铜片、三片锌片、茶杯、带鳄鱼夹的导线若干、发光二极管（LED灯）、食醋、三只小杯子

实验内容

1. 三个小杯子并排放好，把锌片和铜片分别沿着杯壁相对

放好。

2. 把中间靠近的两个杯子中的铜片和锌片连接起来。

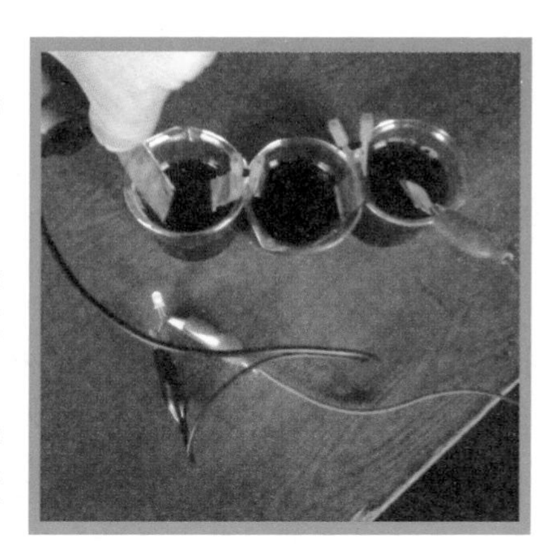

3. 在三个杯子中倒入食醋。

4. 把小灯泡用导线上的鳄鱼夹夹好，两根导线另一端分别接在三个杯子最两边的铜片和锌片上。

5. 观察小灯泡是否发光，如果不发光，把小灯的两个“脚”反过来接入试一试，发现灯泡发光了。

原理解析

铜片、锌片和酸液构成了原电池。组成原电池的基本条件是：将两种活泼性不同的金属(或石墨)用导线连接后插入电解质溶液中。电流的产生是由于氧化反应和还原反应分别在两个电极上进行的结果。本实验中实际上是三个原电池串联起来，增大了电压和电流，因此可以使发光二极管发光。

卷卷：“基本的电路至少要有四部分组成：电源、用电器、导线和开关。”卷卷翻了半天抽屉，找到了一些器材，他要尽量利用手中有限的器材，给孩子们多做一些电学实验。他想到了电视机、收音机的音量旋钮，都是滑动变阻器，有的台灯上也有可以调节亮度的旋钮，里面也是滑动变阻器。于是他用铅笔芯给学生讲了滑动变阻器的工作原理。

实验一百零八：铅笔芯滑动变阻器

实验器材

铅笔芯、电池、导线、小灯座（带灯泡）

实验内容

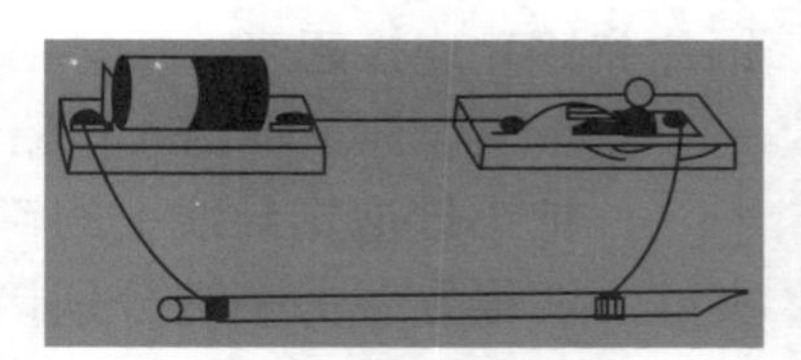

把电池、小灯座用导线连接起来，小灯座的另一接线柱用导线与铅笔芯一端打个结连接，从电池的另一极引出一条导线，将该导线的另一端接触铅笔芯，发现灯泡亮了，把铜丝在铅笔芯上滑动改变位置，发现灯泡的明暗程度改变。

原理解析

小环在铅笔芯上滑动，改变了量入电路中的铅笔芯的长度，电阻的大小与铅笔芯的长度成正比，因此也就改变了电路中的电阻，进而改变了电流大小，因此小灯泡的明暗程度发生了改变。

第十八章

电与磁

小萌拿了个精致的小圆盒，里面是一个小磁针，无论它怎么转动小盒，里面的红针总是指北，而白针指南。这就是一个小小的指南针。大家玩了一会儿，见卷卷从屋里出来，就向前去问为什么指针总是指着南北方向。

卷卷："这是因为我们地球就是一个巨大的磁体，北极附近是磁场的南极；而南极附近则是地磁场的北极。磁体之间也如电荷间一样有相互力的作用，同名磁极相排斥，异名磁极相吸引，这样，小磁针的南极就指南了，因为南方有地磁北极呀，而小磁针的北极就指北了，因为它受到地磁场南极的吸引。"

"老师，我们都听糊涂了，这个N是南极还是北极啊？"小博问道。

"这个我知道，N是英文单词north的第一个字母，north是北方，S是英文单词south的第一个字母，south是南方，因此N是北极，S是南极。"小璇非常确定地给大家解释。

卷卷："你们很快就不糊涂了，为了让你们搞明白N极和S极的意义，以及磁极间有怎样的相互作用规律，我们接下来做几个实验。

实验一百零九：磁铁游戏

实验器材

两条条形磁铁、订书钉

实验内容

把订书钉散开，成为几十个小钉，用磁铁去吸引，观察磁铁的哪一部分吸的钉子数量多，就表明该处磁性强。可以看到条形磁铁的两个端点磁性最强，称为磁极，而中间部分磁性最弱。每条磁铁都有两个磁极——南极和北极。将两条磁铁的同名磁极靠近，感觉它们之间力的情况，再将异名磁极靠近，感觉力的情况。

小璇拿着小萌的指南针仔细观察，发现了问题："老爸，我发现这个指南针并不是指着正南正北方向，是不是坏了？"

卷卷："没有。刚才我讲了地球相当于一个大磁铁，N极在南方，S极在北方，但是N极和S极并不与地理的南极北极重合，而是有一个偏角，这个角叫做磁偏角。"

"哦，明白了。"

"这个磁偏角最早是由我们中国人发现并记载在文献中的。宋朝沈括著有一本伟大的科学著作《梦溪笔谈》，最早记载了磁偏角。欧洲国家在大约400年之后才发现。"卷卷道。

“老爸，指南针是古代的四大发明之一，意义很大，可是它太简单了，就是一个小磁针嘛。”

“是啊，我们可以很方便地造出很多，下面我们来做一个指南针。”

实验一百一十：自制指南针

实验器材

一枚缝衣针、一碗水、长方形小纸片或塑料膜片、磁铁

实验内容

将缝衣针在磁铁上向着同一个方向摩擦几次，于是针被磁化，成为一枚小磁针。把它放在很轻的小纸片上，然后将其轻轻放入盛满水的碗中，当针稳定下来，总是指向南北方向。仔细观察，它是否指示的是正南方和正北方呢？

这边制作指南针，那边小博和小萌玩磁铁玩得不亦乐乎。他们把曲别针吸成一串，把两个钉子也放在磁铁上玩。卷卷告诉他们：磁铁磁性强弱的分布是不均匀的，有的部位强，有的部位弱。小博他们通过吸引曲别针的数量，找到了每块磁铁上磁性最强的部位。卷卷告诉他们，这些部位称为磁极，一块磁铁有两个磁极。N极、S极就是指的磁极。

“老师你看，这两个钉子总是不喜欢在一起，推它也不行，一松手就分开。”

卷卷："这是因为这两个铁钉成为磁体的一部分，或者说它们被磁化，铁钉的同一端是同名磁极，当然互相排斥了！现在我给你们做一个小实验，想一想能得出什么结论。"

实验一百一十一：奥斯特实验

实验器材

干电池、导线、指南针

实验内容

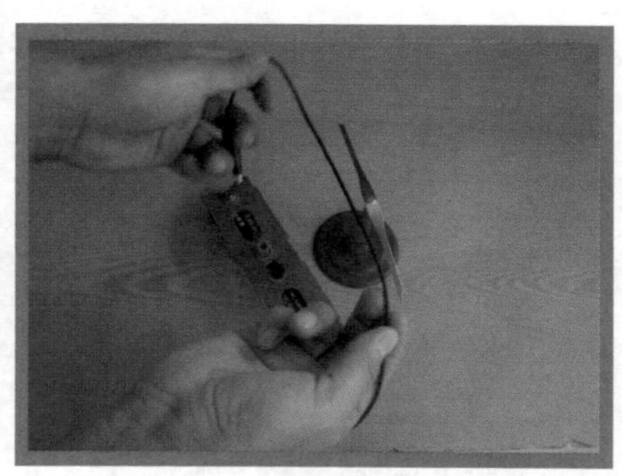

使导线靠近指南针，将导线两端接通电池正负极，发现指南针发生了偏转。

卷卷："这个实验说明了什么问题，谁来说一说？"

"说明电流对磁场有影响。"

"说明电流能产生磁场。"

卷卷："非常好！这个试验在科学上非常有名，具有划时代的意义，它第一次揭示了电和磁是有联系的，即电流的周围存在磁场。也就是说，在这个实验之前，人们认为电和磁是孤立存在的，电现象就是电现象，磁现象就是磁现象。这个实验表明电可以产生磁。"

"这是哪位科学家发现的呢？"小斐问。

"是奥地利人奥斯特，国此这个实验叫做奥斯特实验。"

"奥斯特实验告诉我们，通电导体周围存在磁场。我们可以制成螺线管，中间加入铁芯，这样就可以制成电磁铁。"

"电磁铁？这么高级的东西!老师你给我们做一个吧。"

实验一百一十二：自制电磁铁

实验器材

两节干电池、带绝缘皮导线若干、开关、铁钉、散开的订书钉若干

实验内容

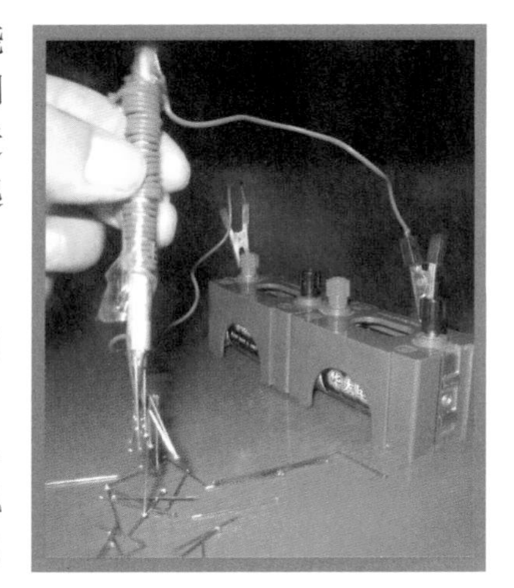

把导线在铁钉上绕成螺旋，绕的匝数多一些；接上开关，再接到电池两端。闭合开关，把铁钉靠近订书钉，发现铁钉有了磁性，吸起了订书钉。

“老师，电磁铁一定很有用吧？”小斐问。

卷卷：“当然，电磁铁可以做电铃，可以做电磁起重机，还可以实现很多自动控制功能。每一项科技发明都有无限的应用潜力。”

“它很方便，通电就有磁性，断电就没有磁性。”小博说。

卷卷：“是啊，它具有比天然磁体更好的特性。磁铁的磁性强弱与两个方面有关，一是电流大小，二是线圈匝数。匝数往往是固定的，但电流大小是可以调节的，电流变大，磁性变强，反之亦然。

“电流大小怎么调节？”小斐问。

“用滑动变阻器，老爸刚讲了这个东西。”小璇说。

卷卷：“对，就是用滑动变阻器。”

卷卷：“很多科学成果，后来人看来是很简单，但在当时取得时却无比艰辛。这个实验成功后，科学家就想，既然电能生磁，那么反过来，磁应该也能生电。”

“对呀，逆向思维嘛。”小璇附和着说。

卷卷："于是，很多科学家对着磁石、磁铁研究，希望能搞出电来，几十年都没有成果。法国的法拉第也是研究了十年，后来一个偶然的现象引起了他的注意，他这才在这个领域取得了突破，发现了电磁感应现象，解决了磁生电的问题，取得了重大研究成果。"

"这些知识我们以后都要学到吗？"小斐问。

"是呀，在初中物理中将会学习它的基本原理，到高中和大学要加深。"

几个孩子脸上露出无限神往之情。"我们很想知道他们取得了怎样的研究成果。"

"可惜我们现在实验器材不够，我们先看一下书上的原理吧。"

小博轻声念起来："闭合电路的一部分导体，作切割磁感线运动时，就会在导体中产生电流，这种现象叫做电磁感应现象。老师，什么是切割磁感线运动？"

卷卷："磁感线是人们为方便研究问题而设立的模型，假想一些线来描述磁场，磁感线由N极发出回到S极。磁感线越靠近磁极越密，表示磁场越强；越远离磁极，磁感线越稀，表示该处磁场弱。"

"电磁感应现象，直接导致了发电机的产生，人们根据电磁感应制造了发电机，于是电可以大量生产，把人类带入了电的时代。"

小博："那要是没有法拉第，我们家里照明用不上电，没法用电风扇，也没法看电视啦？"

"可以这么说吧。如果没有发电机，电肯定没有像现在这么普及。虽然我们没法做电磁感应实验，其他小实验还是可以做的。"说着卷卷带领大家进入室内。

实验一百一十三：灯丝为何颤动

实验器材

白炽灯、蹄形磁铁

实验内容

把蹄形磁铁靠近白炽灯，观察灯丝是否颤动。

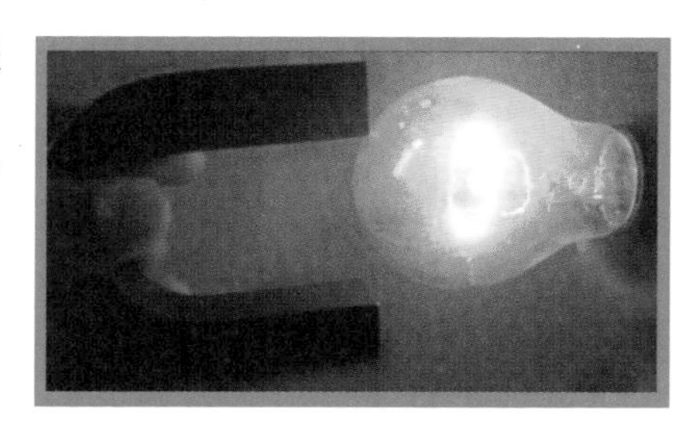

通电后，观察灯丝，发现灯丝不断颤动，这是为什么？

原理解析

因为电流在磁场中要受到力的作用，力的方向与电流方向有关，而白炽灯灯丝里通过的是交流电，交流电的方向每隔0.02秒改变一次，因此灯丝受力方向反复改变，于是灯丝颤动起来。

实验一百一十四：铜圈为何转动

实验器材

条形磁铁（磁性越强越好）、铜丝、棉线、支架

实验内容

把铜丝编成如图两个等大的圈，中间由铜丝相连，两个铜圈处于同一平面且直铜丝处于圈的上方。此时用磁铁靠近铜圈，感觉没有任何吸引力的作用。

在直铜丝中点处，拴上棉线，把棉线的另一端挂在支架上，调整

细线拴铜丝的位置，使之两边等高，这样使装置在水平的方向可以自由旋转。待装置完全静止后，一手小心地把条形磁铁从一个圈伸入，另一手接出，连续几次，每次都使进入的极性相同（如每次都使N极进入）。奇迹产生了，整个装置在水平方向转动起来。待装置静止后，再反方向插入磁铁，发现装置向反方向转动起来。这是为什么？

假如你把装置的铜圈拆开，使圈不再封闭，再重复试验，看一看装置还转动吗？注意操作时千万不要碰着铜圈，也不要碰着支架，以免干扰实验效果。

原理解析

当某一侧铜圈通过磁铁时，铜圈内的磁通量发生变化，于是圈内产生感应电流，感应电流在磁场中要受到安培力的作用。总的受力情况是：当磁极靠近铜圈时，铜圈排斥磁极，当磁极远离时，铜圈吸引磁极。因此整个装置转动起来。如果铜圈没有闭合，不能形成感应电流，就没有安培力产生，装置就不会旋转。

卷卷："这个实验能间接说明电磁感应。但还用到了磁场对电流的作用，用到了电动机原理。

"有了。"卷卷忽然想到了什么，奔向东边的小屋，那儿一直当做堆杂物的仓库用。他找了一阵子，拿出了一个旧的电风扇。他拿来螺丝刀、钳子等开始拆卸。

他把电风扇固定起来，从上面引出两条线，接上了一个小灯泡。他用力一转风扇翅子，灯泡居然发光了。孩子们欢呼起来，纷纷过来转动风扇，灯泡发出连续的光。

"我们在发电，这就是发电机啊，哈哈！"

卷卷："里面是风扇带动线圈，里面有磁铁，这样就不断切割磁感线，于是发出电来。”

“太好了！发电喽！”几个人在那儿玩了好长一段时间。

“老爸，您讲过，这电风扇里面不是电动机吗？今天怎么变成发电机了？”小璇有些不解。

“电动机和发电机构造几乎是一样的，我就是用一个小实验来说明电动机的原理。”

实验一百一十五：电动机原理

实验器材

蹄形磁铁、支架、导线、铁丝、细线、电池

实验内容

把蹄形磁铁固定，N极、S极上下相对；用细线把铁丝两端拴住悬吊起来，使铁丝处于磁铁两极之间；铁丝两端分别连上两根导线，将导线的另外两端接到电池的两极上，观察发现铁丝发生了横向运动。

卷卷：“导体处于磁场中，一通电就会受力运动。如果做成线圈，通电后，线圈会转动，电能转化为机械能，这就是电动机原理。”

“如果反过来，用外力移动导体，让它切割磁感线，那么导体中就会有感应电流（导体是闭合电路的一部分），机械能就转化为电能。可以看出，电动机和发电机的工作就是相反的两个过程，他们的构造没有太大区别。因此我利用电动机的磁铁和线圈，给它机械能，使线圈切割磁感线，电流就产生了，小灯泡就亮了。”

孩子们虽然对卷卷的大段解释并不十分清楚，但看到风扇翅转一转就能发出电来，还是比较兴奋。

“老师，这不就是风车发电机吗？”小博问道。

卷卷：“对对，风力发电机与我做的这个风扇发电机道理是完全相同的。

我还在一本书上见了一个小制作，制作最简单的电动机，我们来试一试。”卷卷趁着孩子们浓厚的兴趣，开始制作小电动机。

实验一百一十六：最简单的电动机

实验器材

一节干电池、铜丝、一块圆形磁铁（永久磁铁，钢制非磁石）

实验内容

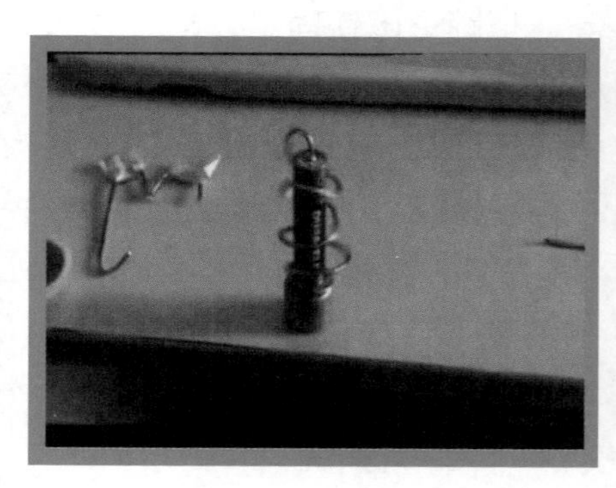

把磁铁放在桌面上，磁铁上竖直放置干电池，使电池负极与磁铁接触，即磁铁既是负极的一部分，又能提供磁性。把铜丝去掉绝缘皮，耦成上面一个凹点下面两条铜丝环抱电池形状，但不接触，调整铜丝的高度，使上端接触正极，下端环抱磁铁（负极），放好后会发现铜丝快速旋转起来。

第十九章

绚丽彩虹

几天闷热天过后，早上九点多钟，狂风骤起，乌云滚滚而来，天昏地暗，雷鸣电闪，大雨如注。天地间朦胧一片，声如千军万马。

大家都待在家里不敢出门。卷卷望着门外，院子里的水漫到了石凳的一半，石桌上更是溅起浓重的水花。小博小斐没有来，小璇在窗前望着外面，脸上是兴奋的光彩。

雨紧一阵，松一阵，大约持续了三个小时。

一家人正在吃午饭时，天慢慢放晴了。院子里、屋里都逐渐亮堂起来。听到街上有了孩童的欢笑声，有人喊：“快出来看啊，有彩虹，好漂亮的彩虹。”小璇一家也拿着伞向外跑去。在南边两座山峰之间，弯弯的彩虹如一座拱桥。雨还在零星地滴落，旁边的山头已经阳光灿烂，小璇不禁被这雨后的美景惊呆了。他们趟着凉爽的

水，惬意地说笑。

天晴了，碧空中白云团团，彩虹早已消失，山峰雾气腾腾，太阳的热力在潮湿的水汽中弥漫。

下午，小博和小斐来了，他们兴奋地谈论着天边的彩虹。

小璇："彩虹很漂亮，可惜就出现了十几分钟。"

小斐："璇璇姐，我们山里夏天下了雨，彩虹很常见。"

小博："我记得一个小实验，用镜子和水可以造出人造彩虹，要不我们试一试。"

"好呀，我们都在书上见过这个小实验，就是没有实践过，现在我们就来做。"

于是他们做起了下面的小实验。

实验一百一十七：面盆出彩虹

实验器材

面盆、大一些的镜子、水

实验内容

在有阳光照进的窗前放置接有半盆水的水盆，把镜子斜放在水中，调整角度，直到镜子反射出的光在墙上映出彩色。

原理解析

这是因为从镜子反射的阳光经过前面三棱形的水时发生折射。各种色光对于水的折射程度不同，从而使各种色光按照一定规律排列开来。它的形成道理与雨后的彩虹是一样的。

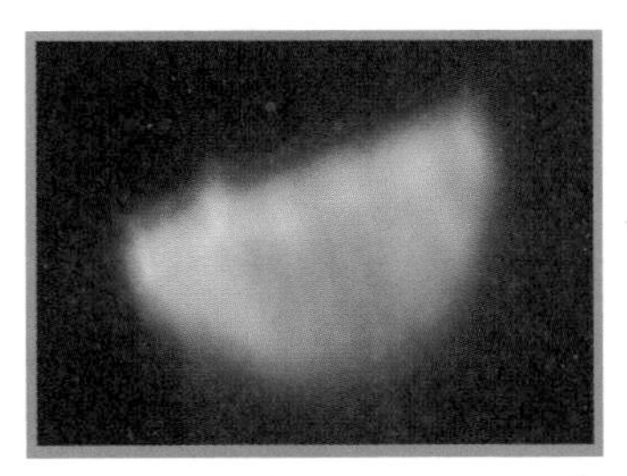

小璇："太好了，成功了，红橙黄绿蓝靛紫，真是太棒了。"

卷卷："这种把太阳光散成七种色光的现象，在科学上叫做光的色散，它是牛顿发现的。他用三棱镜把白光分解成了七种色光。"

"可惜这彩虹不能像今天上午的一样，是个彩色大圆环，那才漂亮呢！”小璇看着墙上的彩带，不无遗憾地说。

卷卷想了想，说：“孩子们，我可以给你们造一个圆环的彩虹。”

实验一百一十八：人造“佛光”

实验器材

喷雾器、水

实验内容

阳光斜射入室内，背对阳光，喷出水雾，你会发现有彩色的大光圈。

原理解析

水汽的密度不同，由于光的反射和衍射现象，各种色光分化出来。峨眉山上常常出现的“佛光”，据科学家解释与本实验的道理相同。

太好了，孩子们有的在“制造”彩虹，有的在彩虹中玩闹，非常兴奋。几人在喷壶创造的趣味世界里玩了一阵，又翻看了光学方面的书，了解了很多知识。

我们常说七彩阳光，这是因为阳光可以分解为七种色光。其实，这七种色光只是可见光，在阳光的光谱上，红光的外面还有红外线，紫光的外面还有紫外线，它们是我们肉眼看不到的。红外线和紫外线在生活中也有了广泛的应用。

……

第二十章

生活中的透镜

卷卷拿了一个放大镜，向他们喊道：“几位同学，你们过来，你们几个还记不记得我们上次在鸭嘴山上救过的小唐和小魏叔叔。那天大学生小唐为了去捡一个矿泉水瓶子，滑下山摔伤了，你们是不是觉得太不值得了？”

“是啊，可您说他做得对，值得尊敬。”

“你们来看一个小实验就明白了。”说着他晃了晃手中的放大镜。

“放大镜能聚光，这我们老师教过。”

“对，它还能点燃火柴。”

“太好了，那你们就用这个放大镜点燃火柴吧。”几人兴致勃勃地做起来。

实验一百一十九：放大镜点燃火柴

实验器材

放大镜（或老花镜）、火柴

实验内容

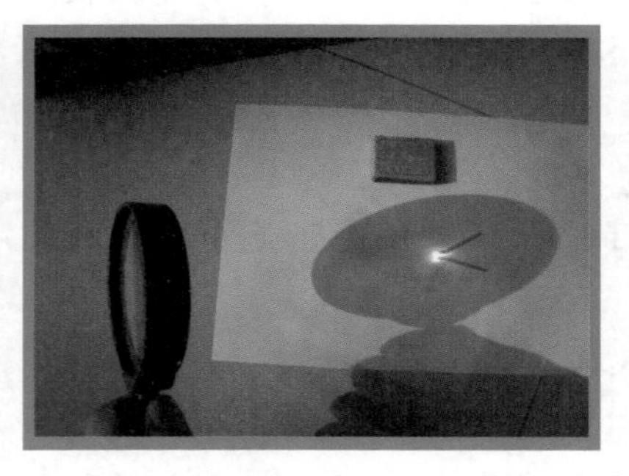

在阳光充足的时候，把一根火柴放在干燥的纸上，用凸透镜聚集阳光，尽量使阳光垂直穿过透镜，把焦点对准火柴头，过一段时间，火柴被点燃了。

卷卷："放大镜就是一个凸透镜，你们摸一摸，中间厚边缘薄。"几个人都用手摸了一下。

卷卷接着讲解："凸透镜对光线有会聚作用，平行光（太阳光可以看作平行光）正对着它，它会对照在它上面的光线有会聚作用，会聚的最亮的点叫做焦点。刚才就是把焦点对准了火柴头，才点燃了火柴。焦点到透镜的距离叫做焦距。一个凸透镜，如果焦距越小，说明它对光线的会聚程度越大。谁有办法测量这个透镜的焦距呢？"

"我，我去拿尺子。"小璇反应很快，起身向屋里跑去。她回来后，让透镜正对着阳光，使焦点恰好落在石桌上，然后用刻度尺测量了焦点到透镜的距离大约是12厘米。

卷卷："小璇做得很好，这就是测量凸透镜焦距最常用的方法。还有一类透镜叫做凹透镜，它们是中间薄边缘厚的透镜。"

小璇："我知道，妈妈的近视镜就是凹透镜。"

卷卷："对，近视镜都是凹透镜，而老人戴的老花镜都是凸透镜。你们认为凹透镜对光线有什么作用呢？"

小博："肯定是把光线散开的。"

"你为什么这样想？"

"因为它与凸透镜结构相反，凸透镜既然是会聚光线，那它一定是散开光线的。"

"想得非常对，凹透镜能使光线发散，物理上也把它叫做发散透镜，把凸透镜叫做会聚透镜。小璇，你去拿你妈妈的近视眼镜，小博你回家去拿你爷爷的老花镜，我们来比较一下它们对光线的作用吧。"

实验一百二十：凸透镜和凹透镜对光线的作用

实验器材

近视镜、老花镜

实验内容

在阳光充足的时候，拿一副老花镜，使阳光垂直射向镜片，在地板附近移动它，会发现一个点特别亮；观察这个点的周围，发现比正常有阳光的地方要暗。

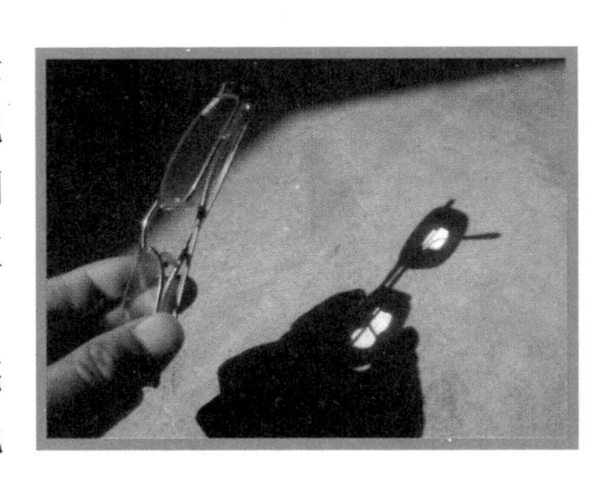

用近视镜做实验，找不到亮的光点，镜片似乎不透光，在地

上留下了暗影；仔细观察，在阴影的四周有一圈比正常阳光要亮的光斑。

原理解析

老花镜出现这一现象，是因为透镜把透过镜面的阳光向焦点会聚。用近视镜做实验时，因为凹透镜对光线有发散作用，镜片所承接的阳光向四周发散。

卷卷变魔术般拿出一个矿泉水瓶，里面有半瓶水。

“看，瓶子里面有水，我们放在阳光下，观察一下。”

同学们看到瓶子下的石板上出现了很亮的光带。

卷卷：“为什么下面特别亮？”

小博：“我知道，这瓶子里面的水中间厚边缘薄，相当于一个凸透镜，凸透镜能会聚光线。”

小璇：“我们知道为什么小唐叔叔一定要把瓶子捡回来了。”

“就像刚才放大镜点燃火柴一样，夏天阳光强烈，瓶中的水再对光线起到会聚作用，假如它的下面有易燃的枯草，就会引起火灾。”

“小唐叔叔是为了森林安全才摔伤的，可我还怪他多事。”小博有些懊悔自己当时的态度。

“是啊，在草木茂盛的地方，不但要禁止烟火，矿泉水瓶也是不能随便丢弃的。”

小斐：“我们看到电视里，有人很费力地从山上捡拾垃圾，里面也有很多矿泉水瓶子，原来不但能美化环境，还能减少火灾隐患。”

小博：“那些乱丢垃圾的人真可恶！”

小璇：“要是大家都懂得了其中的道理，可能就不会乱扔了。”

几个人拿着老花镜和近视镜看书上的字。

小博拿着他爷爷的老花镜，“字变大了！”

小斐拿着近视镜，“看，字变小了！”他们相互看着放大和缩小的字，很快乐也很奇怪。小斐提了个问题：“老师，是不是会聚的透镜成放大的像，而发散的透镜成缩小的像？”

卷卷：“不能这样说，凸透镜对光线有会聚作用，但它既能成放大的像，也能成缩小的像。你们拿着老花镜看远处的物体试一试。”

“是缩小的，哎呀，还是倒立的呢？”小斐喊道。小博抢下眼镜，“真的，都倒过来了！”小璇也拿过眼镜观察起来。

卷卷：“凸透镜能成正立放大的虚像，我们用它当放大镜用时，就是用了这一点。那什么条件下成正立放大的虚像呢？你们试一试。”

他们试了一会儿，得出结论：“远了不行，比较近时可以。”

卷卷：“对，前面我说了凸透镜的焦距。当我们把物体放在焦距以内时，成正立放大的虚像，这就是放大镜的原理。刚才看远处，物体在距离透镜大于二倍焦距时，成倒立缩小的实像，这就是照相机的原理；照相机的镜头就是一个凸透镜。”

“老师，你是说它成什么像与物体离开透镜的距离有关吗？”

“老师，什么样的像是实像，什么样的像是虚像？”

卷卷越解释，孩子们的问题越多起来。

卷卷：“是啊，凸透镜成的像是与物体与透镜之间的距离有关，这个距离在物理上简称物距。实像就是实际光线会聚成的像，它可以用一个光屏来承接；而虚像呢，并不是由实际光线会聚成的，而是由光的反向延长线会聚成的，不能用光屏承接。”

“我们还是不懂。”几个人一致摇头。

卷卷：“不要紧，你们先感受一下，等一会儿，我们再去做实验。除了看很近的地方能成正立放大的像，看远处能成倒立缩小的像，还能成倒立放大的实像，你们用凸透镜对着书本上的字，调整距离，能不能找到字放大了而且是倒立的？”

几个人兴致勃勃地开始找了。

小璇忽然高兴地嚷道："我看到了，放大了，可字是倒立的！"

卷卷："物体距离透镜的距离怎样，远还是近？"

小璇："比当放大镜用时远，比当照相机时近。"

卷卷："对，事实上，当物体在凸透镜的一倍和二倍焦距之间时，成的是倒立放大的实像。好了，你们到屋里去，我们把凸透镜成像的情况再通过实验加深一下。"说着他站起身来向屋门口走去，三位学生连忙起身跟上。

实验一百二十一：探究凸透镜成像规律

实验器材

放大镜（已测出焦距的凸透镜）、蜡烛、火柴、白纸板（光屏）、长刻度尺

实验内容

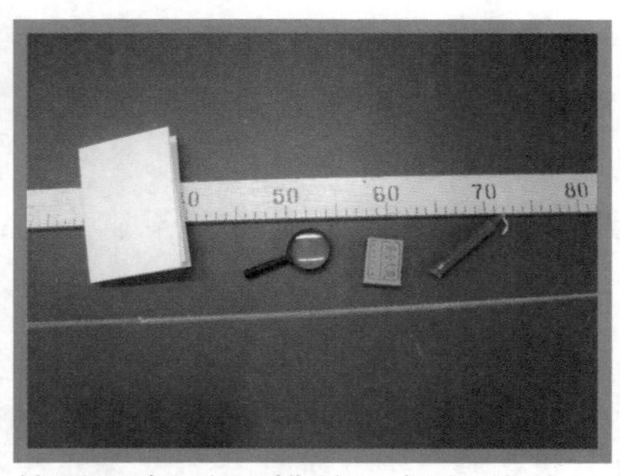

1. 在一条长桌面上，画一条直线。

2. 点燃蜡烛，在桌面的一端直线上把燃着的蜡烛固定好。

3. 沿着直线，一人手持凸透镜距蜡烛火焰大于二倍焦距距离，另一人拿光屏在透镜另一侧（无蜡烛一侧）移动，寻找清晰的像。（移动时要注意：保持蜡烛和透镜在同一直线上，光屏中心高度与透镜中心、蜡烛火焰中心高度基本相同。）观察成像的大小、倒正，

分析其虚实。第三人用刻度尺分别测量物距和像距记录好数据，并记录成像情况。

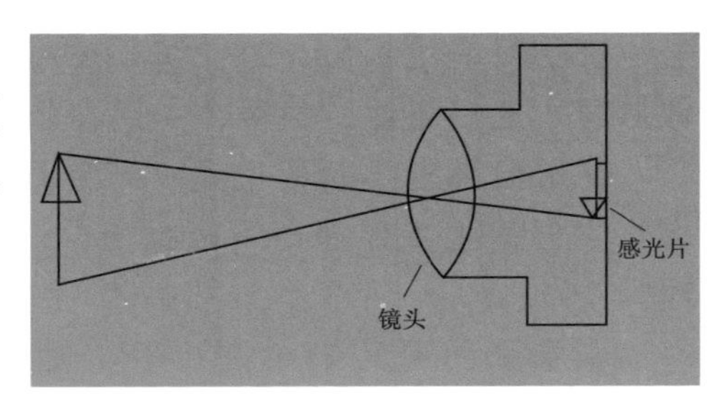

4. 调整透镜距离蜡烛的距离使物距等于二倍焦距，重复前面过程。

5. 调整透镜距离蜡烛的距离使物距小于二倍焦距，但大于一倍焦距，重复前面过程。

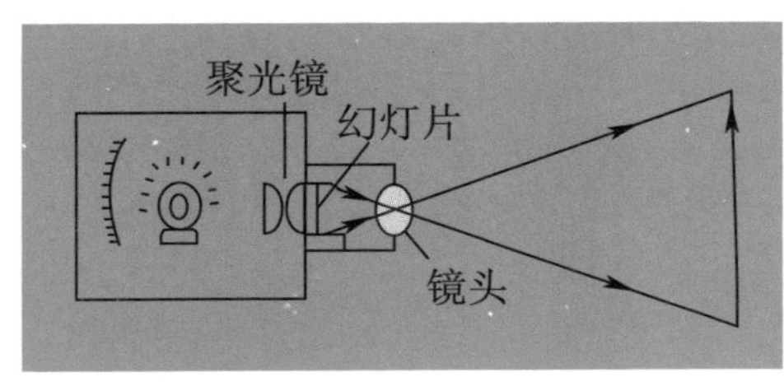

6. 调整透镜距离蜡烛的距离使物距小于一倍焦距，移动光屏看能否在光屏上找到像，然后在光屏一侧，透过凸透镜回望蜡烛，记录观察结果。

7. 分析数据，得出结论。

通过半天的实验，卷卷结合数据和他们看到的现象，对实验的结论进行了总结。

原理解析

当物距大于二倍焦距时，成倒立缩小的实像，像距（成清晰像时，光屏距离透镜的距离）处于大于一倍焦距小于二倍焦距的位置，是照相机的成像原理。

当物距等于二倍焦距时，成倒立等大的实像，像距也等于二倍焦距。

当物距大于一倍焦距小于二倍焦距时，成倒立放大的实像，像距大于二倍焦距，是幻灯机和投影仪的成像原理。

当物距小于一倍焦距时，成正立放大的虚像（不能成在光屏上），是放大镜的成像原理。

孩子们通过实验，终于弄明白了放大镜、幻灯机、照相机的成像原理。他们测量、移动、寻找、分析，忙了整整一个上午。

孩子们提出了新的问题："望远镜和显微镜的成像原理又是什么？它们的主要部件是不是也是凸透镜？我们能体验它们的工作原理吗？"。

卷卷见问题又来了这么多，时间已经中午了，只好宣布下午再来解决提出的问题，他也好利用中午的时间认真思考，作一些准备。

实验一百二十二：自制三种简易放大镜

实验器材

玻璃板、水、玻璃杯、细铁丝

实验内容

第一种：在一块玻璃上滴一滴水。这就做成了一个简单的放大镜，把它移到书页上，靠近字迹，可以看到字被放大了。

第二种：在玻璃杯里倒入水，把书放在杯子后面，可以看到书上的字被放大了。

第三种：把细铁丝一端拧成一个小圆圈，在水中蘸一下，由于表面张力的作用，有一些水会留在圈上，但由于重力作用，水的中间较厚。将其移近书页，可以看到放大的虚像。

“真的都能起到放大效果！水也能做放大镜的材料？！”大家感叹。

卷卷：“不但是水，冰也可以。在非常寒冷的地方，做一个大的冰凸透镜，也可以取到火。”

几个小伙伴认真地点点头。

小博：“老师，这些我们知道了，您再讲讲望远镜和显微镜吧。”

卷卷：“有一种望远镜是只用两组凸透镜的，叫做开普勒望远镜，我们可以演示它的工作原理；显微镜也是由两组凸透镜组成。下面我们就用两个放大镜来演示一下它们是怎么工作的。”

实验一百二十三：望远镜和显微镜的光学原理

实验器材

两个放大镜

实验内容

实验过程1

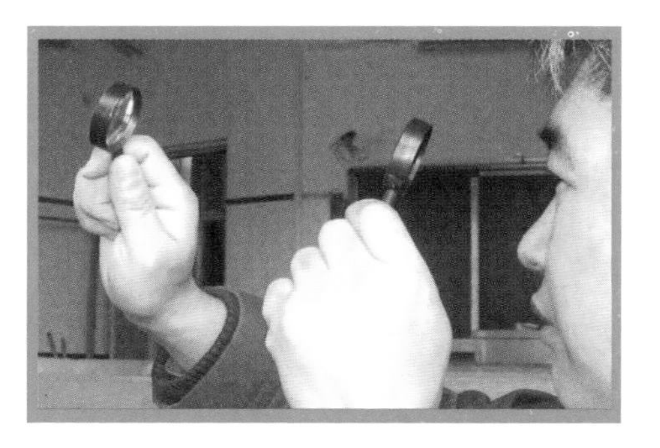

一手持一个放大镜对着远处的物体，另一手拿一个放大镜。调整两个透镜之间的距离，使前一个透镜的二倍焦距点进入后一个透镜的一倍焦距以内。（仔细调整，直到看清远处的物体。）

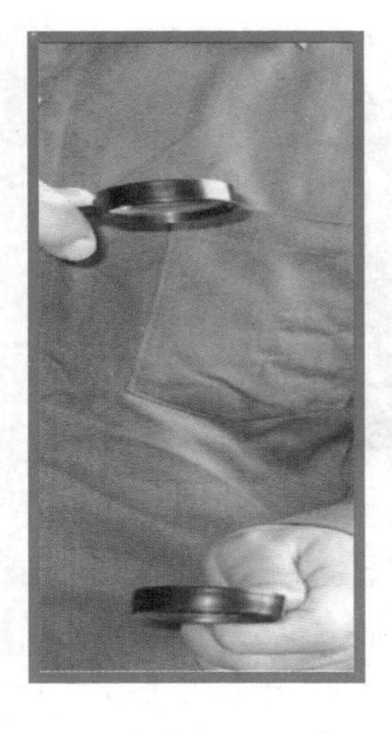

此时透过两个透镜观察物体，要比用眼睛直接观察的大，要清楚一些。这是望远镜的原理。

实验过程2

一手持一个放大镜，对准近处的一个微小物体，使之成倒立放大实像；另一手拿放大镜调整与第一个放大镜的距离，使第二个放大镜的一倍焦点与前一个放大镜的二倍焦距点大约重合，仔细寻找清晰的像，会看到被放大很多的微小物体的像。这是显微镜原理。

原理解析

望远镜：物镜（离物体较近的透镜）成倒立缩小实像，同照相机原理，这个缩小的实像落在目镜（离眼睛较近的透镜）的一倍焦距之内，成正立放大的虚像，同放大镜原理。

显微镜：物镜成倒立放大的实像，同幻灯机原理，这个放大的实像落在目镜的一倍焦距之内，成正立放大的虚像，同放大镜原理。

小斐："我知道了。显微镜是经过一实一虚两次放大，因此可以看清十分微小的物体；而望远镜是一次缩小，一次放大。"

小博："可望远镜先成缩小的像，为什么看起来会变大，变得更清楚呢？"

卷卷："这个问题很好。我们的眼睛感觉物体大小与什么因素有关呢？"

"与物体的大小有关。"小璇回答。

卷卷："除了与物体本身的大小有关以外，还与我们看物体的视角有关系。同样大小的物体，如果观察的视角越小，我们就会感觉物体小。比如，小博离我们很近，我们看他时，视角很大，感觉小博个头不小。”说着他用右手在眼睛处把拇指和食指上下分开最大角，然后让小博跑到对面墙角处，此时卷卷的两个手指间的夹角变小了问道：“离物体远了，视角变小了，我们感觉小博是不是变小了？”

身边的小伙伴点头称是。

卷卷：“小博并没有变小，我们观察他的视角小了，就会感觉他变小，望远镜也是这个道理，对于远处的物体，物镜虽然成缩小的实像，但这个实像已经成到了离我们眼睛较近的地方，我们看这个像的视角增大了，再通过第二个凸透镜的放大作用，我们就会感觉比直接观察远处的物体要大，要清楚。”

实验一百二十四：水滴显微镜

实验器材

玻璃板、水、放大镜

实验内容

先在玻璃板上滴上一滴水做成凸透镜，然后与放大镜组合起来，调整距离使“水滴透镜”成放大的倒立的实像，然后再用放大镜观察这个实像，发现物体被放大了很多。

“你们看，我做成了显微镜！这根头发变得好粗啊！”小璇和小斐都凑上去观察。

“道理通了，可以活学活用，真好玩，让我再想想它们分别在什么距离成什么像来着？”小博很感兴趣地不断摆弄着手中的器材。

小璇：“斐斐，让小博在这儿做实验吧，我们去看电视吧？”

“好，我也去看电视。”说着小博走到电视机跟前，把放大镜靠近荧光屏观察。

小斐喊道："小博，你挡住了，还让我们怎么看电视？"

"哎？这是怎么回事？"小博忽然发现了什么奇怪的东西。"用放大镜观察荧光屏，上面有很多彩色条纹，有红色、绿色、蓝色，透镜靠近了看不到，稍微远一点就能看到。"

实验一百二十五：光的三原色

实验器材

放大镜

实验内容

打开彩色电视机，用放大镜观察屏幕的任何一个局部，使放大镜稍微远离，使放大的程度增大，就会观察到红、绿、蓝三色条纹。

"我来试一试，"小斐拿过放大镜，靠近荧光屏再逐渐远离，把荧光屏的局部放大，看到了彩色条纹。"真的，好神奇！"

这时卷卷夫妻回来了。小博向老师讲了他怎样利用水滴和放大镜组成了显微镜，卷卷给予了表扬。

"老师我还有新的发现呢！"

"什么新发现？"

"您看，我用放大镜观察电视荧光屏，看到红绿蓝彩色条纹呢？"说着，他走到电视机前演示。

"噢，那是光的三原色。电视机是彩色电视机，它的各种色彩都是由这三种光混合而成，如果均匀混合就会产生白色，而像黄色、橙色等等都是混合出来的。小博非常棒，很善于观察，善于动脑。"小博受到表扬，心里乐开了花。

第二十一章

光怪陆离的反射现象

已近农历十五，西面天空还很亮堂，月亮已经迫不及待地挂在东山。卷卷一家和小博小斐带好手电筒，高高兴兴地离开家去欣赏夏日山中的夜景。出村路上，遇到不少乘凉的乡亲，他们热情地打招呼，有时停下来攀谈几句。凉风轻轻吹拂，路边草丛中、水沟里、石缝中蟋蟀等小虫一路奏着美妙的音乐。随着夜色降临，他们带着小博小斐一起沿山路走出村子。

“看，萤火虫！”大家兴奋起来。草丛上，岩壁旁，一个个小光点亮起来。移动着、漂游着，一会儿又消失了，而另外不远处另一盏“小灯”又亮起来。萤火虫的飞舞，给夜晚增加了许多浪漫。

“老师，萤火虫是怎么发光的？”小斐问。

“现在你们养成了爱问的习惯，非常好。”

“我想可能它的身体里有发电的装置，原理就像打开了电灯。”小博道。

卷卷：“刚才小斐提出了问题，现在你又针对问题提出可能的假设，这是科学研究的前两个步骤；接下来，就要进行第三个步

骤：设计实验进行验证。这个假设如果被否定，你可以再提出其他假设或者猜想，再进行实验验证；在这个过程中可能要分析现象处理数据，直到真正破译它发光的原因，这就是第四个步骤，得出结论。这些过程就是进行科学研究的过程，你可以把整个过程形成文字记录下来，这就是一份科学实验报告，如果你研究的问题有价值，就可以到权威的科学杂志上去发表。”

一行人边谈边走，山路在月光下如浅色的飘带向远处延伸。

忽然远处发出几道光柱，光柱在移动旋转。“那里真像有个宝贝，在闪闪发光。”小璇感叹地说道。

“金光万道，变化莫测，你动画片看多了，以为有什么聚宝盆之类？那不是，那是一辆汽车，山路起伏，车灯光被树木、山坡等障碍物挡住，才出现这样的现象。”小璇妈妈笑着给女儿解释。

小博把手电筒打开，一个雪亮的光柱从手中发出，在黑暗中开辟出一条越来越粗的通道。

时间不长，一辆汽车开了过来，大家都贴着岩壁等待着汽车过去。汽车的两个光柱直直地穿过黑暗。

“孩子们，你们看光的传播路径是直的还是弯的?”

“当然是直的。”

卷卷：“这在物理上叫做光沿直线传播。光学的所有现象，究其原因基本上是光的三大原理，一是光沿直线传播，二是光的反射，三是光的折射。今天做的透镜等实验，原理都是光的折射。刚才看到的现象证明光是沿直线传播的。”

小璇看到手电筒光中晃动的人影：“爸爸，影子能不能说明光是沿直线传播？”

“这个问题非常好，影子是生活中最常见的光沿直线传播的例子。你们知道吗，日食和月食也是由于光沿直线传播形成的现象。”

小璇妈妈：“干脆这样，我们在这石头上坐一坐，凉快凉快，你给他们讲。”路边几块大石头在月光下泛着光，大家走过去坐了下来。

小博打开最亮的手电筒，站在最高的石头上当太阳，小璇当地球，小斐拿着一个发光较弱的手电筒当月亮，卷卷当指挥和讲解员，小璇妈妈当观众。

手电筒光照在小璇身上，小斐绕着小璇转，当小博手电筒的光照到小斐时，小斐就向小璇打开手电筒，表示黑夜里的人能看到月亮；当小斐转进小璇后面的影子时，小斐关掉手电筒，卷卷喊停。“此时，三个星球在同一条直线上，地球后面拖着影子，月亮进入这个影子，不能反射太阳的光，于是住在黑夜里的这些人就会看到月食。”小斐继续转动，逐渐出了“地球”的影子，身上有了“阳光”，小斐又打开手电筒，月食结束了。

几个人叽叽喳喳，说说笑笑，一会儿又表演日食。小斐转到了小璇的前面挡住了“阳光”，卷卷喊停，告诉他们在月亮影子落在地球上，黑影区域生活的人将能看到日食。

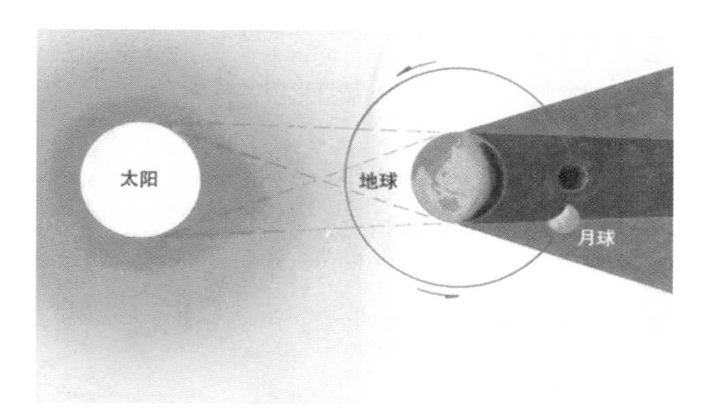

手电筒的光柱里，小虫在飞舞。他们玩罢了日食月食的游戏，继续向前行。渐渐地，夏虫的鸣叫声融进了潺潺的水流声。小博喊道：“漫水路到了。”路从山谷经过，在两米长的路面上有一层薄水流过，路上零星摆放着仅能容脚的扁平石块，行人可以踩着经过。孩子们纷纷把脚浸在水里，在手电筒光的照耀下，水更加显得清澈可爱。

卷卷踩着石块经过了漫水路，回身看着他们戏水，水在静静地流，明月的光在水中闪动，月影在水中弯弯扭扭。很快他们都过了漫水路。

卷卷："小璇、小博还有小斐，我给你们出一个问题，雨后的晚上，路面上坑坑洼洼，洼处存着积水，月亮挂在天上，当你们背对着月亮走，发亮的地方是水还是暗处是水？"

小博抢着回答："当然是亮处是水了。"

卷卷："先不要急着回答，想想再说。如果迎着月亮走，亮处是水还是暗处是水？"

"迎着月亮，肯定亮处是水。"小璇回答。

"好，我们这里有很好的做试验的地方，你们看，我们从这边迎着月亮走发亮的是什么？"

几个人迎着月亮回看漫水路。

"发光的是水，暗的是石头。"

"好，一个答案揭晓了，那么背对着月亮走会不同吗？你们再去试一试。"

几个人转身又向回走，重又踏过了漫水路。

"远一点，多往后走一段，然后向前走，把手电筒关掉。"卷卷指挥着。

几个人从对面背对着月亮向漫水路走来。伴随着泠泠的流水声，他们走了过来。

"亮的地方是石头，暗处是水。"小璇高声报告了他们看到的结果。几个人又回到卷卷身边，大家驻足回望，石头周围的流水闪烁着月光。

"你们知道为什么会有不同吗？"

小博调皮道："那还用说？——当然不知道了！您给讲讲吧。"

卷卷："我们要看到物体，必须是物体上有光进入我们的眼睛。自身能发光的物体，也就是光源，向周围发出光，进入人眼，人就会看到它，而自身不能发光的物体是靠它表面反射的光线进入人眼，从而使人看到它，如果外界不给它光线，它无可反射，我们就看不到它。比如一块石头，在完全黑暗的屋里，我们是看不到它的。”

小璇插话道：“我们能看到不是光源的物体，是因为物体表面有反射光对吗？”

卷卷：“是啊，月亮如果转到地球的影子里，我们还能看到它吗？”

小璇：“看不见了，发生了月食。”

“反射要遵循光的反射定律。反射分为两种，一种叫做镜面反射，一种叫做漫反射。”

“如果反射表面很光滑，发生的是镜面反射，镜面反射的最大特点就是方向性强，如果在有反射光的地方，会感到光线非常强烈，甚至刺眼；而在另一个没有反射光的方向上，就会感到反射面特别暗。水面上的反射可以看做镜面反射。”

“水发生的是镜面反射，而石头发生的是漫反射。漫反射是表面粗糙的物体所发生的反射现象，它向各个方向都有反射光，因此我们能从不同的方向，不同的角度看到这个物体。”

“迎着月光走，水面发生的镜面反射的光线进入人眼，光线较强，石头发生的是漫反射，进入人眼的光线相对较弱，因此亮处是水，暗处是石头；背着月光走，水面发生的镜面反射光不能进入人眼，水面很暗，而石头发生的漫反射光线相对较强，石头亮一些。

“啊，我们知道了，我们再去体验一次吧。”

“时间不早了，小博小斐的家人该着急了，我们现在往回走吧。”小璇妈妈提议。

卷卷：“好，那我们往回走。”

大家往回走着，萤火虫已经不见了踪迹，只有虫鸣声依旧响着。月亮在淡云里穿行，一会儿又非常明亮了。

“看，那水中的月亮！”小璇妈妈站在路边，指着下面。

“两个月亮，一个在天上，一个在水中，交相辉映。”小璇高兴地说。

大家继续向回走。

“小博小斐，今晚上你们回去做一个实验，体会一下镜面反射和漫反射。准备一个小镜子，一张白纸，把纸铺在桌面上，把小镜子反射面朝上，放在中央；把室内的灯关掉，打开手电筒垂直向下照镜子和白纸，你从上面和侧面观察一下，是镜子亮还是白纸亮。明天把实验的结果告诉我。”

“我回家也要做。”小璇道。

又过了一个流水桥，小博拉起小斐向家里跑去，卷卷一家在胡同口，为他们照着手电筒，见他们叫开了门，三人这才向自己家走去。

回到家，小璇开始做实验。

实验一百二十六：是纸亮还是镜子亮

实验器材

白纸、小镜子、手电筒

实验内容

夜晚，把白纸铺在桌面上，中间放一个小镜子，把室内灯熄灭，打开手电筒，在小镜子的正上方向下垂直照射。从侧面观察，发现镜子很暗，而周围的白纸很亮；把头向手电筒靠近，很快你从镜子中看得到了刺眼的光，而周围的白纸变暗了。

原理解析

这是因为镜子发生的是镜面反射，其特点是方向性强，在有反射光的地方，光线很强，在没有反射光的地方，什么也感觉不到；而白纸始终发生的是漫反射，向各个方向的反射光都有。

开了灯，关了手电筒，小璇意犹未尽。

“老爸，还有好玩的小实验吗？”

“一时我怎能想起很多实验呢？这样吧，我们利用梳子来制造光线，研究一下光的反射定律吧。”

实验一百二十七：梳出的光线

实验器材

梳子、手电筒、小平面镜

实验内容

夜晚，在桌子上铺一张白纸，把梳子垂直于桌面立起并固定（可以用夹子）。将照明灯关闭，用手电筒照过来，桌面会出现一组近似平行的光线。用一面小镜子把平行光反射出来，会出现另一组平行光，转动平面镜观察反射后的光线。用镜子改变光束的方向，用笔记录下来，并记录镜子的位置，在镜子位置垂直处画一条直线，作为法线，可以研究反射光线与入射光线的位置关系。

卷卷找了一张纸和一支笔，一边画图一边给小璇解释反射定律。

“反射定律有三方面内容：一是反射光线、入射光线和法线在同一个平面内，二是反射光线和入射光线分居于法线两侧，三是反射角等于入射角。”

“漫反射也遵循反射定律吗？”

“你说呢？”

“不遵守，因为反射光是杂乱的，向各个方向都有的。”

“错了，只要是光的反射现象，都遵守光的反射定律，我来给你画一个图说明一下。”

“我们放大一下粗糙表面，表面上有A、B、C三点，在这三点的小范围内，可以近似看做小平面镜，作出垂直于平面的法线。斜射向它们的平行光，利用反射定律作出他们的反射光线。可以看出，反射光是不平行的，向各个方向。但对于每条入射光线来说，反射后的方向是一定的，是遵循反射定律的。明白了吗？好了，天很晚了，快去洗澡睡觉吧。”

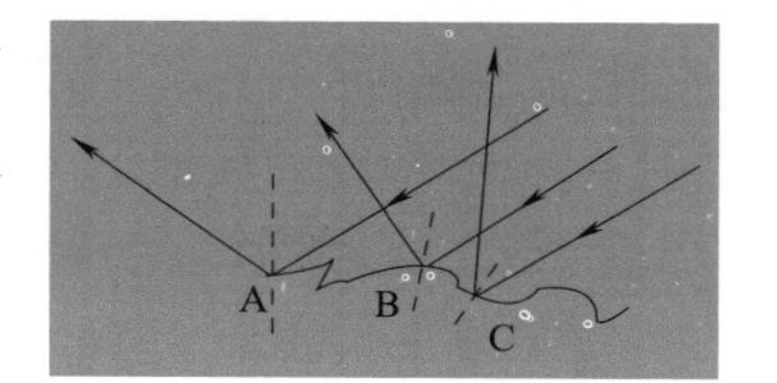

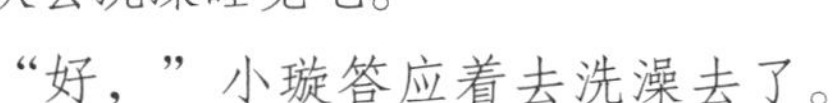
“好，”小璇答应着去洗澡去了。

实验一百二十八：望星空

实验器材

硬纸盒、钉子、剪刀、手电筒

实验内容

用钉子和剪刀等工具，在硬纸盒上打出比如北斗七星的小孔，夜晚将室内的灯关闭，打开手电筒，把硬纸盒罩在手电筒上，观察天花板，上面出现了北斗星光斑。

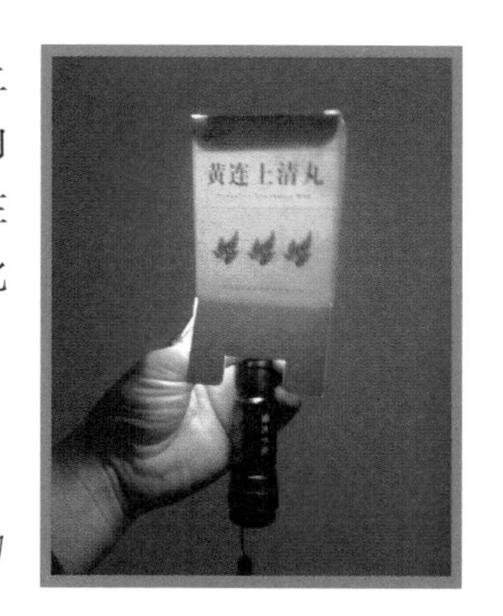

“说一说，这应用了什么原理？”

“就这个呀，老爸你好有童心，用的是光沿着直线传播，对不对？”

“对，您觉得这个创意怎样？”

“还行，要是在孔上粘上彩色塑料就好了。”

“今晚就算了，太晚了，明天肯定早起不来了。”

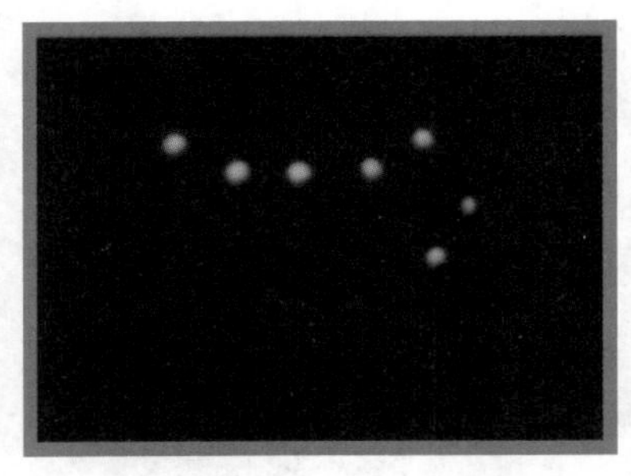

卷卷也洗澡睡觉去了，时间已经到11点多。

雄鸡高唱，天然闹钟在山村回荡，新的一天又来临了。伴着小鸟清脆的啼鸣，孩子们也开始在院子里唧唧喳喳。

他们拿着小镜子，手电筒，交流各自所做试验的体会。阳光透过树叶照在他们的脸上，更加显得神采飞扬。小璇给他们讲了“反射定律”试验的内容，讲了老爸创造的“望星空”的小游戏。

他们拿着镜子，把阳光反射向各个角落，把反射的光斑射向别人，大家在院子里撒欢。

闹了一会儿，忽然小博拿着镜子喊道：“小璇姐姐，我看到你的眼睛了。”

“我也看到你的眼睛了。”小璇回应道。

“只要我能从镜中看到你的眼睛，你也一定能从镜中看到我的眼睛。”小璇总结道，“我们再试试”。于是几个人跑到不同的位置，来验证他们发现的规律。

“真是这样，这是为什么？”小博问。

“这个用什么道理来解释呢？”小璇思考着。她想到了老爸讲过的“光路可逆”，给两个小兄妹做了解释，对不对呢？他们把卷卷叫了出来。卷卷肯定了小璇的解释，对他们在游戏中的发现，提出了表扬。

实验一百二十九：光路可逆

实验器材

小镜子

实验内容

两个人拿一面小镜子做游戏，当一个人能从镜子中看到另一个人的眼睛，另一个人一定也能从镜子中看到他的眼睛。

原理解析

这是因为光路是可逆的。

卷卷："各位小朋友，其实光现象中有很多奇妙现象，比如我们天天照的镜子，在物理上叫做平面镜，它成的像有什么特点呢？"

"左右相反。"小博抢先回答。

"好，还有吗？"

"大小不变。"小斐回答。

"不对，离镜面越远像越小。"小璇纠正。

"对，是越近越大。"小博同意。

"你们认为像的大小与距离镜子的距离有关吗？"卷卷问。

"是啊。"小璇和小博异口同声道。

卷卷："这是不对的，待会儿我们用实验来验证。还有，你们认为是实像还是虚像呢？"

"实像和虚像怎么分？我们忘了。"

卷卷："实像是实际光线会聚成的，能用光屏承接；虚像是光线的反向延长线构成的，不能成在光屏上。"

"想起来了，但我们还是分不清平面镜成实像还是虚像。"

卷卷见他们对问题越来越感兴趣，于是带领他们找材料，做起了小实验。

实验一百三十：探究平面镜成像的特点

实验器材

玻璃板（非平面镜）、书、相同跳棋子两枚、一支蜡烛、火柴、白纸、铅笔、直尺

实验内容

1. 用直尺和铅笔在白纸正中央画一条线，把纸铺平在水平桌面上。

2. 把玻璃板沿着所画的直线放下，两边用两摞书固定好，使玻璃面与平面垂直。

3. 在镜前摆放一个跳棋子，在纸上用铅笔画下跳棋的位置，向玻璃观察，会发现在玻璃的后面有跳棋的像。

4. 拿一个完全相同的跳棋子，在玻璃板后面移动，使该跳棋子与像完全重合（此时在镜面前观察），这样就找到了前面跳棋子的像的位置。

5. 用铅笔标出像的位置。（即另一侧与像重合的跳棋子的位置）这样镜前跳棋子的位置记为A，像后的位置记为A_1。

6. 镜前跳棋换一个位置B，以同样的方法，找到像点B_1；再换位置C，找到像点C_1。

7. 在玻璃前固定并点燃一支蜡烛，用手放在玻璃后面火焰的像上，感觉是否有火焰烧手。

8. 拿走玻璃板和书，研究纸面上的所标记的点。链接AA_1，BB_1，CC_1。用直尺测量物点到像点的距离，寻找规律。

在卷卷的指导下，孩子们把实验做好了，把一张大纸放在桌面上认真研究。

“同学们，我们用另一个相同的跳棋子找到了像的位置，这个跳棋子与像能重合，说明什么？”

“说明物和像的形状完全相同。”小斐回答。

小璇：“说明物和像的大小相同。”

“对，无论远一些还是近一些，我们都能使物像重合，说明像的大小与距离镜面的远近无关。”

“那为什么看起来离镜子越远，像越小？”小博问。

小璇：“我知道了，是不是因为视角变小了？”

“对，确是如此，越远视角越小，物体看起来越小，而实际上并不小。你们想一想，平面镜所成的像的大小决定于什么？”

“决定于物体的大小。”小博肯定地回答。

卷卷表示赞赏，然后又引导他们得出了以下结论：像到镜面的距离与物到镜面的距离相等；物和像的连线被镜面垂直平分。

卷卷：“我有两个问题请你们思考，第一个，为什么我们选取三个点，而不是用一个点来得出结论？”

小博：“点多了才更有说服力。”

小斐：“便于总结规律。”

小璇：“避免偶然性。”

“好，把你们三人的话合在一起，就可以回答这个问题了，你们的思维很棒。下面第二个问题，实验最后一步，用手放在火焰的像上，为什么不热？”

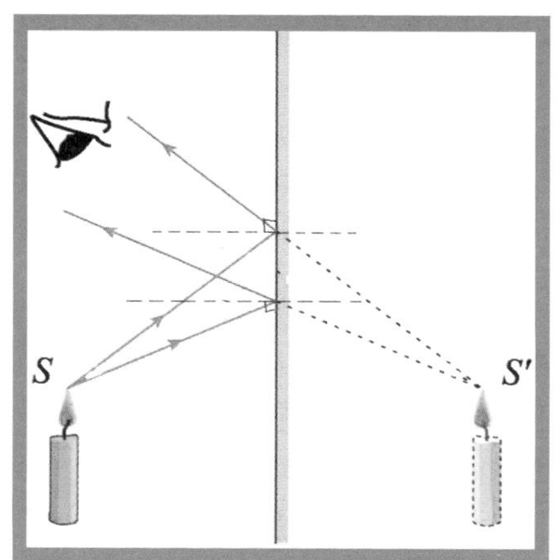

“说明这个像是虚像，因此不热。”小璇回答。

“很好，这个火焰的像并非由实际光线相交而成，因此手不会有热的感觉。实际上，平面镜所成的像是虚像。”

“老师，为什么这个实验用

玻璃板当平面镜，我们直接用平面镜所成的像不是更清晰吗？”小斐问。

“对啊！”小博小璇也附和着点头，表示有相同的疑问。

“那你们用这个平面镜来重复做刚才的实验。”卷卷微笑着鼓励他们动手。几个人说做就做，不多时，几个人就发现了问题。

“像比刚才清楚了，可怎么找到并确定像的位置呢？”三人最终无法解决这个问题。因为镜面不透光，能看到像时，无法看到玻璃后面的情况；能看清后面的情况，就无法看到像，更别说让另一个棋子与像重合。他们终于体会到了用透光的玻璃板代替平面镜的好处了。

“老师，为什么镜面里的人与实际的人总是左右相反？”小博问道。

“走，我们到屋里去，在大镜子前体验一下。”卷卷站起身，带着三个学生走进室内。

衣橱上有一面大平面镜。

“小博你站到镜前对着镜子举起右手。”小博依言动作，镜子里的小博与他对视着，“大家看，镜中的小博是举的左手还是右手，是不是相反？”

“是左右相反。”几个同学都认可。

“其实，这种说法也对也不对。”卷卷纠正道，“之所以左右相反，是因为你不自觉转换了观察的角度，你想象中站在小博像的位置，于是举的左手；假如以你或者镜子为观察标准，镜中的像也是举的右手，是同向的，并不相反。”

大家挤在镜前，分别伸手来体会，终于脑子转过弯来了。

小璇：“那有没有办法让像中人的动作方向与人的一致？”

“有啊，这种镜子叫偶镜，需要用两块平面镜粘合在一起。”说着，卷卷又找出了一块平面镜。他用直尺和玻璃刀裁割玻璃，将一块大的长方形镜面一割为二，用玻璃刀上的铜块划了以下玻璃裂口，几个小朋友过来帮忙，将两块镜面摆垂直，用透明胶带从直角外面粘好固定，立在了桌面上。“好了，偶镜做好了，现在可以观察了。”

实验一百三十一：偶镜

实验器材

两面长方形的镜子、胶带、书

实验内容

用胶带把两面镜子的侧边粘起来，使之像书页一样可以自由开合，保持垂直立在水平桌面上。拿书放在镜前，从镜子中看书上的字，发现是正常的，并没有左右相反。举手观察一下，左右也没有点颠倒，这是为什么？

原理解析

这种装置叫做偶镜，从偶镜中看到的像是经过两面镜子先后反射所形成的。每面镜子把像颠倒一次，经过两次颠倒，像变得和原来一样了。

三位同学欢呼雀跃，因为他们看到了与平时照镜子不同的影像。

“老爸，很多‘镜’的道理我们都知道了，还有什么镜我们可以学习了解？”

“潜望镜。”小博道，“人趴在战壕里就可以看到上面的情况。”

“我还听说过哈哈镜，能把人变得怪模怪样，我想知道其中的道理。”小斐说。

小璇也不甘示弱地提出了一种东西：“老爸，万花筒是什么道理，里面是什么镜？您能教我们做吗？”

卷卷见他们又提出了这么多问题，非常高兴。

“你们要想了解这些东西的构造和原理，非常好，但在解决这些问

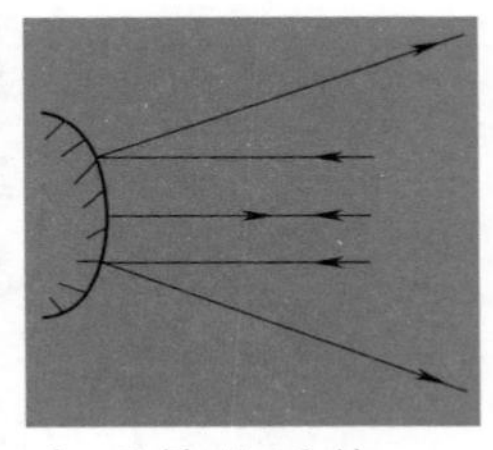

题之前，我有必要补充说一下凸面镜和凹面镜。你们先等一下。”说着卷卷走进屋里。

很快他拿了一把锃亮的不锈钢大勺子。“你们看，”他把勺子的凸起面对着三人，“这个反射面是个凸面，叫做凸面镜，简称凸镜，但注意它不是凸透镜。

几人凑过头去观察。

“我看见了我的像，像变小了。”小博喊道。

“凸面镜能成正立的缩小的虚像，它对光有发散作用。”卷卷一边说，一边在纸上画凸面镜。“几条相互平行的光照到上面，按照光的反射定律来作出它们的反射光，可以看出，光线向四周散开了。根据光路可逆，它能接收到更广范围的光线，因此凸面镜能观察到的环境视野更广。”

大家拿过凸面镜观察，体会到周围的景物变小了，但确实观察到的范围很大。

“你们说一说，生活中哪些地方见过利用凸面镜这种性质的？”

“在城市路口的拐弯处我见过。”小璇回答。

“在盘山路拐弯的地方也有。”小博道。

“是的，为什么要放一个凸面镜呢？为的是扩大视野，使司机师傅能观察到路另一侧的情况。”

卷卷把勺子反过来，“这叫做凹面镜，简称凹镜。它对光线有会聚作用，你们看。”卷卷把凹面镜放在阳光照射到的地方，用手在前面试探性地找，果然，大家发现了在他的手掌心有个日光会聚的亮点。“这个点叫做凹面镜的焦点，类似于凸透镜的焦点，凹镜的焦点也可以把火柴等易燃物点燃。”接着，卷卷给大家画起了光路图。

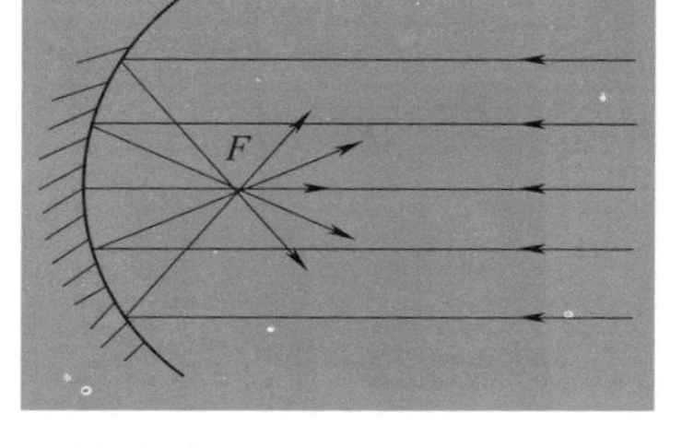

“根据光路可逆，如果把发光点放在焦点处，它将反射出平行光。手电筒里面的反射镜就是一个凹镜。”

“对对，我经常拆下来看。”小博说。

“老爸，我发现这凸凹面镜对光线的作用正好与凸凹透镜对光线的作用相反。凸面镜发散，凸透镜会聚；凹面镜会聚，凹透镜发散。”

“正确，你总结得很好。你们见过太阳灶吗？”

小璇说：“我在一本书上见过，好像伞一样撑开，上面坐着一把壶。”

卷卷：“对，用凹镜就可以做成太阳灶，这利用的是凹镜对太阳光的会聚作用。有的太阳灶发热功率能接近一千瓦，可以很好地利用太阳能，减少对木材、煤炭等资源的消耗，没有任何污染。”说着卷卷利用手中的大勺子头，讲解太阳灶的安装与使用。孩子们饶有兴味地听讲。

时间已经中午，他们约好下午来进行小制作，一是制作潜望镜，二是制作万花筒。孩子们对下午的活动充满期待。

阳光照耀着小山村，大树努力地从地下吸水，用旺盛的蒸腾作用来抵抗阳光。远处的山头起着蒙蒙的白色雾霭。

下午近3点，卷卷与几个孩子聚在了梧桐树下的小石桌旁。卷卷道：“我先来说说哈哈镜吧。”

“好，好，”几个人一致同意。

“所谓哈哈镜，就是人在镜前一照，会变得怪模怪样，比如额头变尖，嘴巴特大，口眼歪斜等，使人看后不禁哈哈大笑，这就是哈哈镜。”

“其实哈哈镜并不神秘，一个平面镜如果镜面不平整，也不像

凹镜和凸镜那样规则，而是有凹有凸，凹凸的程度有缓有急，当你照这样的镜子时，你就会变形了。”

“我们怎样才能制作出来，体验一下呢？”

“这很简单！”说着卷卷拿出几张方便面袋，内面是反光很强的锡箔纸。“你们用它来观察。”

几个人拿过锡箔纸来观察，“呀，影像怎么这么乱！”

“不要着急，眼睛盯着某个局部，找到自己脸所成的像，然后稍微动一动纸，看你的脸形状会变成什么样子？”

“我看到了，我的嘴巴特别长。”

“看我的头变成三角形了！”几个孩子高兴地玩起来。

“老师，我们明白了，哈哈镜就是凹凸不平的镜子所成的变形的像。”

实验一百三十二：制作潜望镜

实验器材

硬纸板、双面镜、双面胶、透明胶带、剪刀、平面镜、玻璃刀、木直尺

实验内容

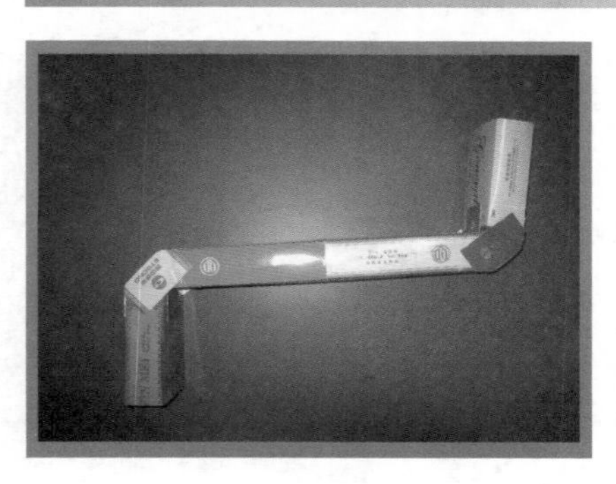

1. 把硬纸板做成一长两短三个口径相同的三个四棱柱筒，用透明胶带和双面胶如图粘结实。

2. 用玻璃刀割下两块大小相同的长方形镜面，用双面胶或透明胶分别把两块镜固定在大小

纸筒直角相接处，使镜面都朝向两个短镜筒，且都与水平面成45° 角。

3. 固定好镜面后，把两个拐角处用胶带固定结实。这样一个简易的潜望镜就做好了。

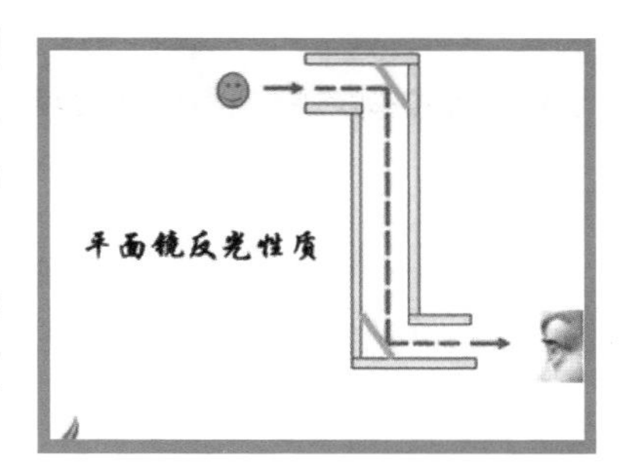

几个人拿着新做好的潜望镜跑到室内，在窗台上把上面的纸筒露出来，身体伏在窗下通过下面的纸筒向外观察，果然看到了外面的情况。

他们分别充当目标被观察了一阵子，又跑到大门口，在门外通过潜望镜向门内观察，玩得十分高兴。

实验一百三十三：制作万花筒

实验器材

镜子（普通玻璃也可以）、玻璃刀、直尺（用于裁割玻璃）、双面胶、透明胶带、剪刀、硬纸板、塑料袋、彩纸、废报纸、铅笔等

实验内容

1. 按相同尺寸用玻璃刀、直尺裁割三块相同的长方形镜片（玻璃片），用玻璃刀的金属块把玻璃断面划一下，以免突出的地方割伤手。

2. 把三块玻璃片并排在硬纸板上放好，中间留有一定缝隙。使纸带着三块玻璃片可以折起来成60° 角，用铅笔标记玻璃片在硬纸上的位置。

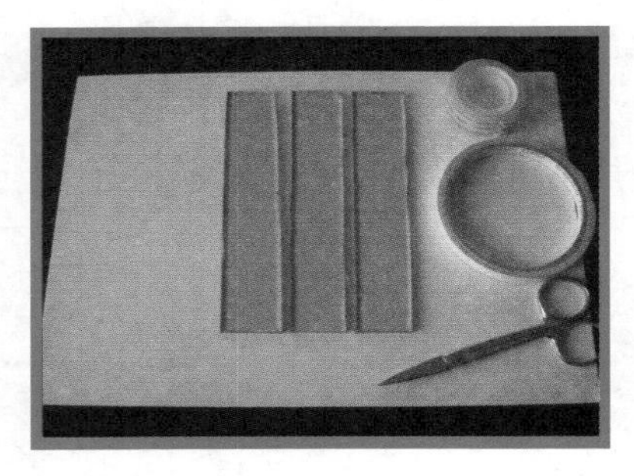

3. 把三块玻璃片的背面分别贴上双面胶，固定（粘）于画好的位置。

4. 把硬纸板卷起，使三块玻璃片反射面相交成等边三角形。多余的硬纸用剪刀裁去，用透明胶固定好，这样三块玻璃杯硬纸包成一个正三棱柱。

5. 将三棱柱两端多余的纸剪去，把其中一端用塑料袋封起，周围用透明胶粘好。

6. 把三棱柱用硬纸板裹起来，使其成为一个近似的圆筒，用透明胶粘好，把废报纸团成团，塞进棱柱与圆筒硬纸板中间，使圆筒撑起并把三棱镜筒固定好。

7. 剪几片彩纸屑，放入三棱镜筒，上部用中间有孔的硬纸片封起。

平放镜筒向外观察，就可以看到彩色花，转动镜筒，花瓣不断变化，异彩纷呈。

第一个万花筒做成了，大家争着来看，惊讶欢呼。

小璇："老爸，你给总结一下这些东西的原理吧？"

卷卷："潜望镜和万花筒都是利用平面镜成像的道理，其本质上是光的反射现象。凸透镜和凹透镜都是透镜对光的折射作用，是光的折射现象。"

小博："那光学的三大原理中，还有光的直线传播，利用它的原理能有什么好的小制作吗？"

"小博问得太好了，我再给你们做个好玩的实验，小孔成像。"

实验一百三十四：小孔成像

实验器材

易拉罐盒（八宝粥铁盒或者一次性纸杯皆可）、钉子、钳子、半透明的纸、胶水、蜡烛、火柴

实验内容

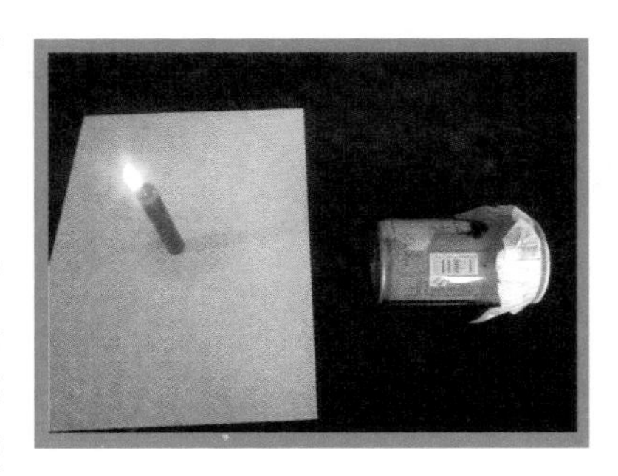

在易拉罐盒的底部正中间用钉子开一个圆孔，注意，不要太大。用胶水把半透明的纸粘在盒口。在暗室中点燃蜡烛，用小孔对着烛焰，这时盒口的纸上出现了蜡烛火焰的倒立的像；调整距离火焰的远近，观察像的大小发生了怎样的变化。如果把小孔的形状做成三角形或者方形，重新做实验，看一看对像有什么影响。

卷卷画图来解释小孔成像的成因：光沿着直线传播，物体上面的点发出的光线通过小孔跑到光屏的下部，而下部的光线跑到光屏的上部，于是产生了倒立的实像。

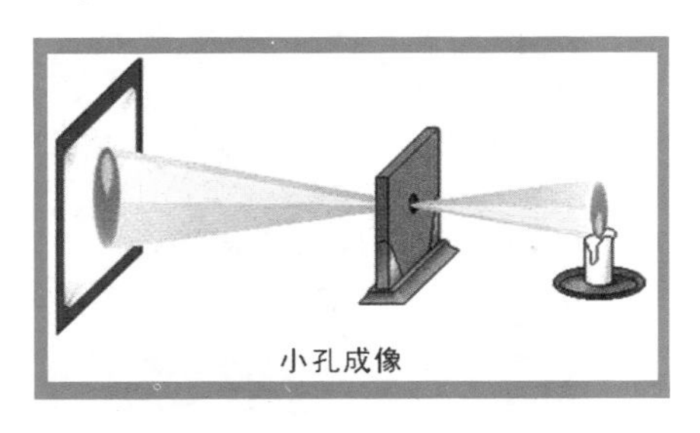
小孔成像

卷卷："你们知道吗？早在春秋时期，墨子学派的著作《墨经》中就有对小孔成像现象的记载，并作出了科学解释。"

"针对小孔成像的成像原理，我们可以用作图来解释。物上A点的光通过小孔，直线传播到下边A′点；下部B点的光线通过小孔直线传播到B′点，物体AB上有无数个点，通过小孔对应着无数个

像点，于是整个AB物体的像就形成了。你们已经看到了倒立的像，你们觉得是实像还是虚像？”

“实像，因为它是由实际光线会聚成的，而且能成在光屏上。”

“对，是实像，是放大的还是缩小的呢？”

“缩小。”小斐回答。

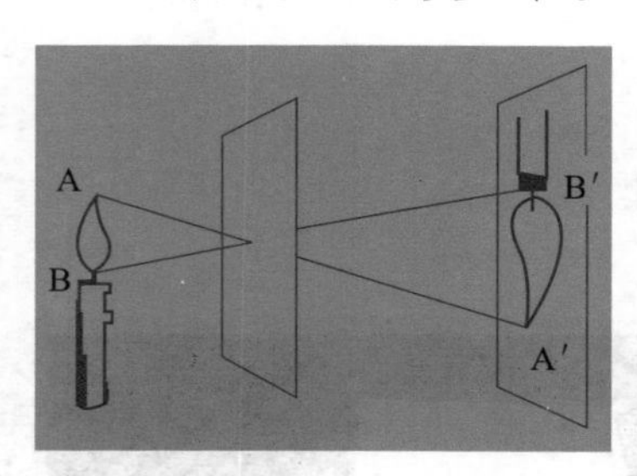

“这个回答不对，可能放大也可能缩小，还有可能等大。如果屏与孔之间的距离加大，像会增大；距离减小，像就会减小。因此，小孔成像可能成各种情况的实像。”

“下一个问题，你们认为小孔成像的小孔的形状有关系吗？比如我们把小孔开成三角形或者正方形。”

“应该有影响吧？”大家迟疑不决。

卷卷：“你们试一试。”

孩子们拿剪刀和钳子修理小孔，重新做实验，得出结论：小孔所成的像的形状与小孔的形状无关。

下午，小院里非常热闹。孩子们有的玩蜡烛跷跷板，有的玩蛋壳不倒翁，玩陀螺，还有的玩翻跟斗的小胶囊。

小博问卷卷：“陀螺为什么一转就会发光呢？”

“我觉得应该是电磁感应吧，里面有线圈切割磁感线，这样就有电产生，小灯就亮了。”

“那为什么这灯转起来会成为一个发光的圆圈？”

“这是一种视觉暂留现象。”

“什么是视觉暂留现象？”小博勤学好问。

“我准备一个东西，然后再给你们讲一讲。”

只见他剪了一块硬纸板，夹在一节竹竿上，用胶布固定好，纸板的一面画上一个鸟笼，另一面在笼子的相同位置画上一只小鸟。快速搓动竹竿，纸板以较快的速度旋转，发现鸟被关进了笼子。

实验一百三十五：笼中鸟

实验器材

硬纸板一张、剪刀、笔、小木棒或竹筷一支、小刀一把、透明胶带。

实验内容

用剪刀剪一方形或圆形的硬纸板，在一面画上一只小鸟，在另一面相同位置，画一个鸟笼。用小刀把木棒一端劈开，把纸板夹住并用胶带固定好。快速搓动木棒，使纸板旋转起来，你会发现鸟被关进了鸟笼。这是为什么？

原理解析

这是一种视觉暂留现象，当两幅图像在很短时间内转换时，人的感觉是分不开的，两幅图的内容混合在一起。

知识链接

电影在放映时，每秒是24幅图像，因为视觉暂留的原因，我们感觉画面是连续的，没有割裂的感觉。我们用的白炽灯，其实也是在不断闪动，由于视觉暂留，我们感觉不出来。

第二十二章

路上风景

小博和小斐这几天十分伤感，因为爸爸又要去打工了，这次又带走了妈妈。兄妹俩虽然伤心不愿意，但也无法改变深思熟虑的大人的决定。

卷卷一家也很难过，不知他们这样做是对还是错。他们心疼孩子，只有更好的对待孩子，尽量宽慰他们，让他们快乐起来。好在小博小斐都很懂事，他们表示要努力学习，帮助奶奶爷爷做家务。

暑假快结束了，小博、小斐与小璇一家建立了深厚的感情，午餐经常留下他们一起吃饭。这天早晨，卷卷让小璇到小博小斐家去，带给他们一封密信——一张纸条，上面什么字也没有。

小博和小斐听说是密信，很感兴趣，这个要拿火烤，那个要等太阳晒。小璇说：“这两种方法都不行，这是用另一种方法写成的密信。”

“什么方法？快告诉我们。”

“放在水上。”

“放在水上？”他们在脸盆里舀上水，把纸片放到了水面上，他们盯着纸面看，然后拿出来，对着光一看，六个字显露出来：“上午参观渔场”。

实验一百三十六：秘密纸条

实验器材

纸、圆珠笔、水

实验内容

把一张纸放到水面浸湿，然后铺到桌面上，把另一张纸盖在湿纸上，用圆珠笔在上面写一行字，把下面的纸拿起来晾干，上面什么字也看不出来。只要把这张纸放在水面上，或者在纸上洒上水，字迹就显露出来了。

原理解析

这是因为圆珠笔尖划过湿纸，湿纸的纤维被压缩了，干燥后，看不出来，但弄湿后，与周围未被压缩的纤维透光情况不同，因此现出字迹。

卷卷："是因为那个地方透光的情况发生了改变，自然就能发现有字了。"

"原来是这样！我们也写一张纸条，考考我的同学。"

"今天我们要去参观马庄渔场，要徒步走小路，咱们赶紧准备一下。"几个人开始忙着准备东西，一会儿就都准备齐了。

几个人走出村子向西北方向进发了。

风清凉凉吹着，阳光还没有释放出夏天的热力。红霞满天，一群群飞鸟在碧山间盘旋，朵朵白云在蓝天游弋。路时而宽时而窄，时而有石块露出地面，时而有坑洼处长出茂盛的草和细碎的小石缝里长出的绿苗和小花。

有时路从一块巨石边绕过，只能容一人通过；有时又漫开来，可以作为打拳锻炼的场地。

草上的露珠晶莹可爱，草丛中各色的花，鲜艳可喜，那是画笔难以描绘出的，用手摸一摸，感觉每瓣花都充满了生命的汁液，稍一用力就会把它捏坏。小璇拿着相机，一路不停地采风照相。在大自然的怀抱中，忘记一切忧愁。

“喂，老师，你们等一等。”小斐喊了一声，“你们看那是什么？”离路不远处有一块红色的东西，小斐走过去拿在手中，是一块红色的塑料片。

小博拿过来，放在眼前，“一切都变红了，天也红了，你们的脸也红了。”孩子们争着看。

卷卷：“你们知道这个红塑料片为什么看起来是红的吗？”

“这还需要问吗？红玻璃、红塑料片等都是加了红色的颜料呗。”小璇说。

“是加了一些红色的东西，但是从物理光学的道理上讲，透明体的颜色是由它所允许通过的色光决定的。比如这块红塑料片，透过它你看到的要么是红色，要么是黑色，你不会看到绿色，也不会看到紫色。因为它只允许红色光透过，不信你们来看这片绿叶。”小博透过红塑料片看绿叶，“真的，是黑色。那其他色光到哪里去了？”

“其他色光被吸收了，不能透过，我们就会感觉是黑色。”卷卷答道。

“那我透过这个绿色的瓶子看，就只能看到绿色和黑色了？”小璇举起她的绿色水瓶子，把眼睛放在瓶子后四处观察。

卷卷：“对的，你们看这一朵小花，为什么是红色的？另一朵野花为什么是黄色？这叶子为什么是绿色的？”

“它们本来就是那个颜色，这还有什么原因吗？”孩子们疑惑道。

卷卷：“当然有原因。它们属于不透明体，不透明体的颜色是由它所反射的色光决定的。譬如这红色花瓣，我们看到它是红的就是因为它只反射太阳光中的红色光，其他色光被吸收；这朵黄色花，它只反射太阳光中的黄色，因此黄光进入我们的眼睛，我们看它是黄色，其他色光它不反射，而是吸收。”

“绿叶只反射绿光，只有绿色进入我们的眼睛，因此我们看它是绿色。”小璇嘀咕着，“我有些明白了。”

小博和小斐也开始点头。

“老师，那白色的物体呢？”小斐问。

卷卷：“白色可以反射各种颜色光。表面是白色，投上红色的光，它就反射红色的光，看起来表面就变成红色；投上绿色光，它就反射绿色，表面看起来是绿色，因此当一条彩色光带打到白色幕布上时，上面也会出现相应的彩色光带，因此电影的幕布都是用白色。”

“老师，那黑色物体呢？”小斐问。

“黑色物体表面之所以是黑色，是因为它什么色光都不反射。黑色的表面无论用什么色光照上去，看上去都是黑色。”

“老师，我们明白了一些，但还是不太确定。”

“不要紧，小斐你拿着这个透明塑料片，等我们回家了，我给你们做实验，加深一下理解。”

实验一百三十七：变色的方块

实验器材

红、绿、蓝三个圆块、一个鞋盒、红绿蓝三色的玻璃纸各一张

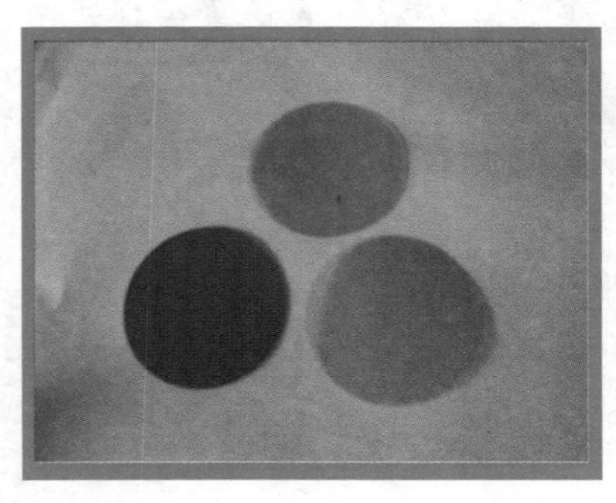

实验内容

把圆块放到盒子里摆开，分别在盒子上蒙上不同颜色的玻璃纸，再记录各圆块的颜色。

原理解析

物体的颜色是由它反射的色光决定的，透明体只允许与它相同的色光通过。

一行人在鸟语花香、蜂蝶飞舞的山野间行进。

他们来到了溪水旁。在水流的峡谷中，形成了一个天然水潭，水清清的，水下的碎石看得很清楚，两边浮动着绿色的水草。水经过水潭，继续向前流淌。

“那次，我们还在这儿洗澡了呢。”小博介绍。

卷卷：“你们知道吗？我们看水里的东西眼睛会受骗，看上去潭水很浅，但实际上要深得多。”

“老爸，眼睛为什么会受骗？怎么能感觉水变浅呢？”小璇问道。

“不光水底会看起来变浅，我们看到的水中的鱼呀什么的都不是它的实际位置，实际的位置要靠下，因此有经验的人捉鱼，会向他所看到的鱼的下面抓。”

小斐：“这么神秘啊，为什么会这样？”

卷卷：“这是光的折射造成的，等得空了我给你们做几个小实验来讲一讲。”

几个人继续向前行，天越来越热，在平坦的路上，小璇和小斐撑开了遮阳伞，眼看着马庄就要到了。

小斐弯腰拾起了一支很长的公鸡羽毛，油光光的很漂亮。小斐停住脚步，透过羽毛看太阳，她发现阳光在羽毛中变成了彩虹，各种彩色都有。

实验一百三十八：羽毛中的光谱

实验器材

蜡烛、火柴、羽毛

实验内容

在暗室内点燃蜡烛，透过羽毛看烛焰，发现出现了彩色光谱。白天透过羽毛看太阳也能看到斑斓的彩纹。

原理解析

这是因为通过缝隙中的白光发生了“衍射”，在均匀排列的羽毛组成的缝隙之间，存在着锐利的边缘间隙。光线通过这里时被“折断”，即被引开，并把白光中的颜色分解开。

马庄到了，卷卷他们受到了热情的欢迎。他们看到那养鱼池像麦地里的田畦，水很清澈，鱼在水里自由游动，有红的，青色的，白色的，各种颜色活泼地游动，煞是喜人。

各个水池里养的鱼的种类又不一样，大家在水池边一池一池地看，比较着它们的不同。

他们向鱼池里一把一把抛洒鱼食，鱼一片片浮上来张开嘴巴，有的跃出水面，十分热闹。

白云的影子映在水面，鱼儿似在云中穿梭。小璇不断按动手中相机的快门。

他们走进大棚的室内，有几个巨大的玻璃鱼缸引起了他们的兴趣，里面养的是漂亮的观赏鱼，每个鱼缸都有一个水管向里面注水，形成水的循环。水管并不是直着指向水面，而是斜着指向水面，流成为一道弧线。奇怪的是，水里面有光，随着水流，照亮了水中的一片区域。

“老师，这是怎么做到的，光难道不是应该沿着直线传播吗？”小博问。

卷卷：“光是沿着直线传播，可是光从水中传播到与空气的交界面上，能不能折射出来是有角度条件的。有一种情况叫做全反射，光不能折射到空气中，这样在水中不断反射前进，就可以随着水流弯曲了。”

实验一百三十九：流动的光

实验器材

铁罐头盒、手电筒、水、透明胶

实验内容

在罐头盒的侧面靠近底部开一个小孔，用一片透明胶布粘住。夜晚，在罐头盒里注入半盒水，将罐头盒放在一个板凳上，在下面接上面盆。把室内灯熄灭，打开手电筒，将手电筒的头放入罐头盒，揭开盒上的透明胶，使水流出，调整手电筒的照射方向，观察水流，会发现光线会沿着水流方向弯曲。

原理解析

光在水流中不断反射，有少量光折射出来，因此感觉光在水中流动。

知识链接

光导纤维：我们平时所看到和听到的“光缆”，实际上就是利用光导纤维来通讯的设施。现代社会，利用光导纤维来通讯已经很普遍。它的特点是：传输速度快，能耗少，材料低廉，效率高。它就是利用光在光导纤维中发生全反射，一直顺着光导纤维高速传播来传播信息的。

第二十三章

参观渔场

大家正在参观，小璇忽然喊道："哎呀，小博怎么不见了？"

大家向四周看去，除了两个工作人员，就是玻璃鱼缸。大家赶忙到处寻找。

"我在这儿！"小博从他们身边一个鱼缸后面站了起来，原来，他正蹲着逗一条鱼玩呢。

小璇："老爸，这鱼缸和水都是透明的，刚才小博蹲在那边，我们怎么看不到他？"

卷卷："虽然水和玻璃都是透明的，但是小博身上所反射出的光线要经过这块区域却是要遵循物理规律的，他们发生了全反射，也就是说在这个角度，眼睛不能看到小博身体的反射光，因此我们看不到他。即使水缸里面是清水，水缸是玻璃做的，后面也是可以藏人的，在一定的角度看，后面就成了'死角'，看不到的。"

"好神秘，明明是透明的东西，后面的东西却看不到，小斐你去蹲下，我找一找。"小博说。

小斐走过去蹲下，小博喊道："小斐，我看不见你了！"

卷卷："回去后，我给你们做一个模拟实验。"

实验一百四十：水怎么不透明了

实验器材

方形鱼缸、水、一些物体如毽子等

实验内容

把鱼缸放在平整的桌面上，盛上清水，在鱼缸侧面放一个物体，站在对侧向下看，使物体、鱼缸侧面和眼睛基本在同一条直线，发现物体“隐身”了，一点物体的踪迹都没有。

原理解析

只有光线进入了眼睛，我们才能看到物体。如果某个物体发出的或反射出的光线没有进入人眼，人是看不到它的。本试验中物体反射出的光线，进入水中再射向空气时，发生了全反射，该方向上没有从物体上反射的光线透出进入人眼，因此人看不到物体。

中午到了，他们被安排进了渔场的招待所餐厅，卷卷的同学李叔叔作陪。菜以山间野味为主，上了三种鱼的三种做法，一种炸鱼，二种糖醋鱼，三种炖鱼汤，看着满桌的佳肴，大家口水都快流出来了。

这顿饭大家吃得都很满足。一束阳光穿过玻璃进入了餐厅，小璇拿杯子去倒水，走到一旁喊道："老爸，这束阳光从这面看是红色的，从一旁怎么变成蓝的呢？"

小博兄妹一听，都跑过去看。"真的，这是为什么呀？"

"这是因为光的散射，阳光是由赤橙黄绿青蓝紫等色光混合成的。其中红色光的波长最长，透过障碍的能力最强，不容易被固体颗粒散射掉，因此正面迎着光看红光多；从侧面看到蓝色，是因为它的波长短，容易被颗粒散射掉。"

"你们知道为什么城里扫马路的清洁工的工作服要做成橙色或者黄色吗？"

"不知道。"

"这是因为衣服反射的黄色光和橙色光透过障碍物的能力都比较强，不容易被雾或者灰尘散射掉，更容易被人发现，更安全一些。"

小博问："那为什么不用红色，红色不是更容易被人发现吗？"

"红色虽然更容易被人发现，但是在交通信号中，红色代表禁止，如果他们穿红色衣服，容易让司机师傅产生错误判断。"

"对呀，红灯停，绿灯行，黄灯亮了等一等。"小斐说起儿歌，大家都笑了。

卷卷："孩子们，这个光的散射，回去我也可以给你们做小实验。

知识链接

全反射：光从光速慢的介质斜射入光速快的介质时，入射角小于折射角，如果不断增大入射角，折射角也随之增大，但折射角总是大于入射角，因此当入射角增大到一定程度，折射角就会达到90度，若再增大入射角，此时光线便不能进入另一种介质，于是全部被反射回同一种介质，这种现象叫做全反射。全反射在光通讯中有着重要应用。

实验一百四十一：光的散射

实验器材

玻璃缸、水、镜子、牛奶、硬纸板、剪刀、桌子

实验内容

在一个朝阳的房间里摆好桌子，将玻璃缸放好，加上水，滴上一些牛奶。在硬纸板上做一个洞，斜靠在玻璃缸前，把镜子放到阳光下，使反射光通过纸板上的洞射进玻璃缸。这时你仔细观察，会发现从玻璃缸的侧面观察，光束是浅蓝色的，从玻璃缸的背面观察，光束变成橘红色了。

原理解析

光线会被小颗粒散射，波长越短越容易被散射，因此蓝色光被散射得厉害，所以从侧面看光束是蓝色。

时间过得飞快，一转眼到了下午。卷卷一行起身道别，李叔叔给大家带了很多礼物。

“你送我们这么多东西，我们怎么拿回去呀？”卷卷问。

豪爽的李叔叔一挥手：“有车，送你们回去。”

“那太好了，我们这次注定要满载而归了，哈哈哈。”

下午，阳光更强烈了，但有很多水池，并不感觉很热。他们与李叔叔道别，然后充满喜悦的满载而归。

知识链接

汽车的雾灯为什么选择黄色？雾灯应该使用穿透能力强的不容易被散射的色光，符合条件的是红、黄、绿，而人眼对红光的敏感程度不如黄光，而绿光表示可以安全通行，因此最后选定黄色光作为汽车的雾灯。

尾　声

车在卷卷的家门口停了下来，大家下了车。司机师傅帮着他们把东西拿进小院，就离开了。

卷卷他们先把李叔叔送的鱼缸放好，加上水，把鱼放进去。看着鱼儿在水中撒欢，他们十分愉快。卷卷倒上一杯水坐在石桌旁说道："孩子们，今天你们见了很多，也听了很多，你们一定很有收获，咱们老祖宗有句话叫做'读万卷书，行万里路'，光读书不行，还要多走一走，看一看，听一听；学习是多方面的，要善于向生活学习，向社会学习，要不断从社会和生活两本无字大书中汲取营养。"

"老爸，您说过回来用实验来讲解今天接触到的许多新知识，要不咱们开始吧？"小璇说。

卷卷看着兴奋的孩子们，不好拒绝他们，说道："今天见到的有光的折射现象、全反射现象、光的散射现象等。光的折射是指光从一种介质（光能传播的物质，如玻璃、水等）斜射入另一种介质时，传播路径会发生改变。光在同一种不均匀介质中传播，也会发生折射，如海市蜃楼现象，即光在不均匀的大气中传播，路径发生弯曲造成的。正是因为光的折射，我们看到的水中的东西会变浅，现在我给你们做几个小实验。"

实验一百四十二：硬币上升

实验器材

瓷茶杯、硬币、水

实验内容

把一枚硬币放进杯子，向前移动杯子，直到刚刚看不到硬币，这时让伙伴向杯子里倒水，很快，硬币“上升”了，你又看到了它。

原理解析

这是因为从硬币上反射出的光线，在水面上向外偏折，你迎着偏折后的光看回去，看到了硬币向上“升起”的虚像。

“真奇怪啊，一倒进水去，就看到硬币了，这说明水底看起来上升了。还有别的实验吗？”小斐说。

卷卷：“还有我们经常看到的筷子折断的假象。”说着他把一双筷子斜放在玻璃杯中。

实验一百四十三：筷子折断了吗

实验器材

玻璃杯、水、一支筷子

实验内容

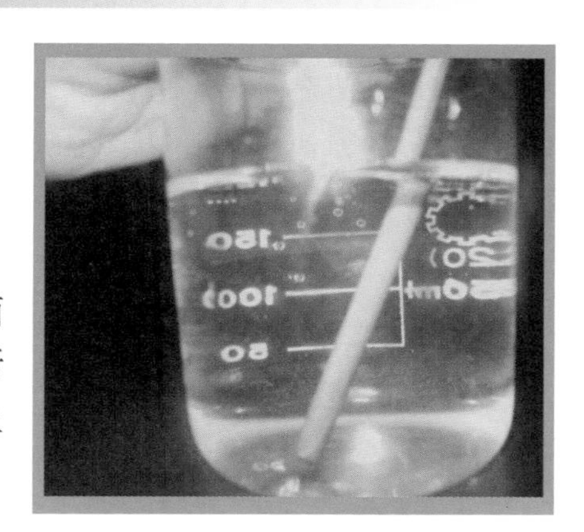

在杯子里装上大半杯水，把一支筷子斜放进去，从侧面观察，发现筷子在水面处折断了。从上面俯视，发现筷子向上偏折了。

原理解析

这是光的折射现象。这个实验也告诉我们，眼睛看到的东西并不是绝对可靠，人凭感官认识这个世界，经常会有一些错觉。

小博："我们经常发现这种现象，现在终于明白原因了。老师，我们看到的水中的东西并非实际的物体，那我们看到的是什么呢？"

小璇："是物体的像，是吗老爸？"

卷卷："是的，是物体的像，是实像还是虚像呢？"

孩子们摇头。

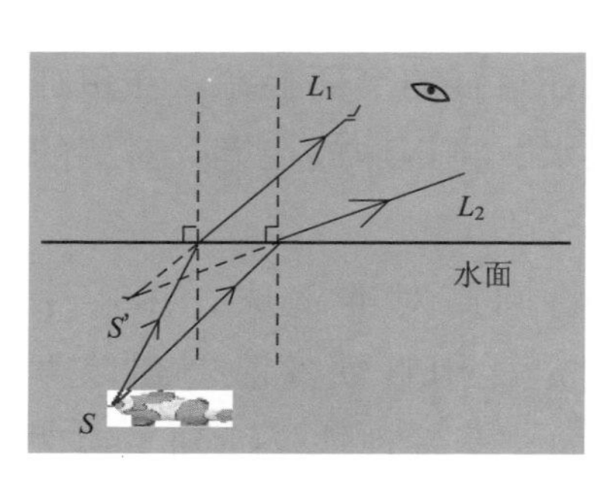

"告诉你们，是虚像，也是光线的反向延长线形成的，我来画个图说明一下。"说着，卷卷让小璇拿出纸笔，开始一边画图一边讲解。

卷卷："小鱼头部S点向水面发出两条光线。"小璇立即打断了卷卷的讲解："老爸，小鱼不是光源，为什么它发出光线？”

“我的意思是它的头部反射出的两条光线到达水面，我们在两个入射点分别垂直于水面作法线，并作出它们折射后的大致位置L_1、L_2。根据折射规律，它们都是远离法线的。这样把折射光线反向延长，会交于S点上面的一个点，记为S′，当我们的眼睛迎着L_1，L_2光线看回去，就感觉光线是从S′点发出的，这样鱼身上其他点也是如此，于是看到的鱼的像的位置整个向上移了。因为这个像是由光的反向延长线形成的，并不是实际光线形成的，因此是虚像。”

“这么一讲，我们明白了水中的东西看起来为什么会变浅，也明白了为什么是虚像。”小璇高兴地说。

实验一百四十四：为什么瞄不准

实验器材

方形鱼缸、钢球、圆珠笔壳、钢锯条、胶带、长一点的直铁丝、剪刀、水

实验内容

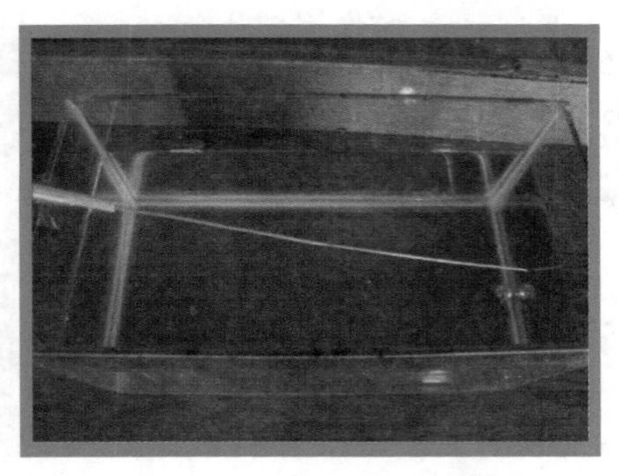

用钢锯条把笔壳尖端锯去一块，做成一个圆筒，把圆筒用胶带粘在鱼缸的窄面上端。在鱼缸中加水，将钢珠放在笔壳对侧的水下。

将圆筒对准钢珠，用胶带再固定，用直铁丝沿着圆筒方向向前插去，小心不要使圆筒转动方向。会发现铁丝插到了钢珠

的上面。多做几次，发现总是插到上面。

原理解析

小钢珠在水下，它表面所反射的光线斜射到水面时，会发生偏折，远离法线（过入射点垂直于分界面的直线），当光线进入人眼，人就会看到钢珠，由于人的视觉总是认为光是沿着直线传播，因此沿着折射出的光线看回去，看到的并不是钢球实际的位置，而是比实际位置偏高的“虚像”，因此沿着折射出的光线用直的铁丝捅过去总是戳到钢球的上方。

知识链接

光的折射规律可以简单表述为：光从空气斜射入其他介质时，折射光线向法线偏折，光从其他介质斜射入空气中时，折射光线向远离法线的方向偏折。光的折射常给我们错觉。思考一下，一个潜水员从水下观察岸边的树木，会有什么不同呢?

卷卷：“你们还想着鱼缸后面可以藏人的情形吗?还有一个小实验能很好地说明这个道理。”卷卷说着拿出一枚硬币，把盛了水的玻璃杯坐上去。“你们从上面看，杯底有一枚硬币，从侧面看试一试，你还能看到这枚硬币吗?”

实验一百四十五：硬币不见了

实验器材

一枚硬币、玻璃杯、水

实验内容

在桌子上放一枚硬币，把空的玻璃杯放到硬币上，这时，从侧面看去，可以很清楚地看到硬币在杯底。向杯中加满水，却发现硬币不见了。

原理解析

这是因为硬币发出的反射光在杯壁处由于入射角过大，发生了全反射，不能进入人眼睛的缘故。

从侧面看找不到了！水虽然是透明的，但透明并不代表光线可以任意通过，他们必须要遵循光的折射、反射规律。在以后的时间，卷卷又和孩子们做了一些去渔场路上和在渔场没法做的几个实验。

这时，清脆的电话铃声响了。卷卷接通电话，原来是上次在鸭嘴山遇险的两位大学生打来的。孩子们一听，都静下来倾听。

卷卷放下电话，对期待的孩子们说："告诉你们一个好消息，明天，我们上次救的大学生叔叔要来看我们，还想约我们一起重游鸭嘴山，你们去吗？"

"我们当然去了！"一听他们要来，孩子们高兴起来，明天又是一个充满新奇和快乐的日子。

小博笑嘻嘻地说："这次，我一定要提醒两位叔叔，出发前一定要看好天气预报呀。"

想起当时两位叔叔的窘态，大家都开心地笑起来。